花椒优质高效栽培技术

李建成　李红霞　主编

黄河水利出版社
·郑州·

内 容 提 要

本书内容包括我国栽培花椒的经济、生态意义，花椒优良品种利用与繁育，花椒优质丰产对环境条件的要求，花椒园地建设，土壤、肥料、水分保花保果管理，整形修剪，主要病虫识别与无公害防治，花椒采收、贮藏与加工，花椒大棚芽苗菜生产等，全面系统地介绍了花椒优质高效栽培技术。

全书内容全面实用，技术先进科学，图文并茂，通俗易懂，适合从事花椒种植的广大椒农及农技推广工作者阅读，亦可供农林院校相关专业师生阅读参考。

图书在版编目(CIP)数据

花椒优质高效栽培技术/李建成，李红霞主编. —郑州：黄河水利出版社，2021. 6 (2023.4 重印)

ISBN 978-7-5509-2991-3

Ⅰ. ①花… Ⅱ. ①李… ②李… Ⅲ. ①花椒-高产栽培 Ⅳ. ①S573

中国版本图书馆 CIP 数据核字(2021)第 095595 号

组稿编辑：岳晓娟　电话：0371-66020903　邮箱：2250150882@qq.com

出 版 社：黄河水利出版社

地址：河南省郑州市顺河路黄委会综合楼 14 层　邮政编码：450003

发行单位：黄河水利出版社

发行部电话：0371-66026940、66020550、66028024、66022620(传真)

E-mail：hhslcbs@126.com

承印单位：河南承创印务有限公司

开本：890 mm×1 240 mm　1/32

印张：3. 875

字数：100 千字

版次：2021 年 6 月第 1 版　印次：2023 年 4 月第 4 次印刷

定价：28. 00 元

前　言

花椒是我国栽培历史悠久的具有食用调料、香料、油料及药材等多种用途的经济植物。花椒耐干旱、耐瘠薄、好栽培、易管理、易贮藏,可广泛种植于山地、丘陵、河滩、宅旁。现在,花椒除台湾、海南、广东等少数地区外,我国其他地区均有广泛种植,是促进农民脱贫增收、强农富农的优良经济树种。

近年来,由于消费需求量的增大,我国花椒生产发展很快,在很多地方兴起了“栽椒热”,花椒树种植面积迅速扩大。因此,生产上迫切需要高产、优质、高效的无公害花椒栽培实用新技术方面的书。本书以指导无公害花椒生产、扩大无公害花椒综合利用为宗旨,针对生产实际和读者需要,系统介绍了高产、优质花椒无公害栽培对环境条件的要求,优良品种利用与繁育,园地建立,土肥水管理,整形修剪、保花保果、树体保护,主要病虫无公害优化防治,采收、贮藏、加工利用技术等,即无公害花椒生产的产前、产中和产后系列实用新技术。全书以无公害高产、优质、实用新技术为主线,内容新颖,重点突出,技术先进,科学实用,浅显易懂,适合从事无公害花椒生产、加工的科技人员和广大椒农及栽培爱好者阅读参考。

本书在编写过程中,参考和引用了国内研究领域的最新研究成果、技术和成功的实践经验,在此向这些成果的研究者表示诚挚的感谢。由于篇幅所限,不一一列出,敬请谅解。

由于水平和时间所限,不当之处恳请读者朋友批评指正。

作者

2020 年 11 月

目　录

绪 论

花椒，学名 *Zanthoxylum bungeanum* Maxim.，为芸香科、花椒属植物，原产我国。“花椒”一名，最早在《诗经》里就有记载。

花椒古称椒、椒聊、大椒、秦椒、凤椒、丹椒、黎椒等。果皮名椒红，种子名椒目、椒子。是原产我国的一种实、叶、枝、干均具浓郁辛香的调味品、香料、中药，且种子为木本油料的落叶灌木或小乔木，树冠高可达 7 m 以上。

花椒原产我国中西部，栽培历史悠久，早在《诗经》中就有“椒聊之实，蕃衍盈升”的描述。《本草纲目》中也有“秦椒，花椒也。始产于秦，今处处可种，最易蕃衍……”的记载。按照《诗经》产生的年代，我国人民对花椒的利用可追溯到公元前 11 世纪至公元前 10 世纪。花椒作为栽培的经济树种，最迟不晚于两晋之际，到南北朝已有比较完善的栽培方法。《齐民要术》中就有关于花椒采种、育苗、栽植方法的记述。明清之际，由于交通的发展，销售日盛，花椒栽培有了显著发展。目前，花椒在我国分布广泛，北起东北南部，南至五岭北坡，东南至江苏、浙江沿海地带，西南至西藏东南部，除台湾、海南及广东等少数地区外，全国多个省(区)均有栽培。以西北、华北、西南分布较多，重点产于河南、河北、山东、山西、陕西、四川、云南、甘肃等省，见于平原至海拔较高的山地。在青海，位于海拔 2 500 m 的坡地，也有栽种。品种以陕西、四川等省产的大红袍、小红袍、大花椒驰名。

一、花椒的经济价值

花椒根、茎、叶、果实中含有大量麻味素和芳香油。果皮含挥发性芳香油4%~9%，是加工提炼食品香料和香精的原料。花椒用途广，全身是宝。

花椒具有丰富的药用价值，是重要的医药原料。其性辛热，有消食解胀、健脾除风、止咳化痰、止痛消肿、破血通精、补火助阳、除湿散寒、增强体质、延年益寿等功能，且花椒作调料可以增添菜肴的醇香，去腥、增鲜，增加菜肴的香美味道，促进食者食欲。

花椒种子黑亮清香，可榨油。花椒种子一般含油量为25%~30%，出油率达22%~25%。花椒籽油味辛辣，可作调料；也可提炼芳香油，制皂、润滑油；掺和油漆后，是机械和化工原料。油渣含氮2.06%、钾0.7%，可用作肥料和饲料。

花椒嫩芽、幼叶，可用作蔬菜直接烹调，是当今走俏的纯天然食品；椒柄、椒叶、树皮也有麻香味，可用作调料或腌菜的副料。

花椒叶子可防虫、入药。据《齐民要术》及《救荒本草》等记载，椒叶除食用外，还可制作、配制土农药，驱杀多种害虫。

花椒花内富含花蜜，流蜜期长，是一种很好的蜜源，其蜜醇甜，香气浓郁，可与柑橘花蜜媲美。

花椒树干质地坚硬，纹理细致，突起别致，是制作手杖、伞柄、雕刻工艺品的珍奇选材。花椒树根芳香耐朽，是根雕艺术难得的优质用材。

花椒树是制作盆景的上佳原料，椒苗上盆2~3年便可枝叶繁茂，树青果红，别具风韵。再经精心修整培养，就可形成花团锦簇的各式盆景，在观赏者面前展示出与众不同的神采。

花椒好栽培，易管理，经济效益高。

花椒树抗干旱、耐瘠薄，根系发达，对土质要求不严，适应性广，病虫害较少，在海拔300~2 600 m、年降水量500 mm以上的地区，均可正常生长。花椒树栽种后3年如管理得当，可株产花椒0.5 kg以上。5~7年后单株可收干椒4.5 kg左右，若按成园栽培，每亩(667 m^2)66株计算，可产干椒300 kg左右。10年以上丰产树单株可收干椒6 kg以上。

花椒种植经济效益较高。目前，国产大红袍干花椒收购价格为每千克30~40元，每亩可收入9 000元左右，经济效益可观，管理好的产量更高，收益可达万元以上，所以农民称花椒为“金豆豆”。近年来，随着农业种植结构的优化调整，农民充分利用房前屋后、庭院、山坡、田埂、丘陵、沟谷闲散空地栽植花椒。“花椒是个宝，致富离不了”，花椒树成了增加农民收入的“摇钱树”。

二、花椒的生态价值

花椒是经济价值很高的生态树种。花椒树耐干旱、耐贫瘠土壤、根系较发达、枝繁叶茂，是山区丘陵水土保持、平原沙区防风固沙、盐碱滩涂地区发展经济林的优选树种。花椒树对二氧化硫、氯气、硫化氢、二氧化碳等有害气体均有较强的吸收作用，因而可以净化空气。在我国广大农村房前屋后都有栽种花椒树的习惯，既可以获得家庭烹饪需要的香料花椒，又可以净化空气。因此，发展花椒，既具有较高的经济价值，又具有较高的生态价值。

三、花椒的发展前景

花椒早在明代就成为中国传统的重要出口商品，并因郑和下西洋而远销新加坡、马来西亚等地，至今仍畅销不衰。如今，我国年出口花椒300 t左右，销往日本和泰国、新加坡、马来西亚等东南亚国家，以及中东等一些信仰伊斯兰教的国家及地区。我国人口众多，市场庞大，随着人们生活水平的提高，花椒油、花椒粉、快餐面佐料的消耗量日渐增大，加之全球华人社区以花椒作调料和药材的需求增长，开拓国际市场、扩大出口的发展潜力更大。发展花椒生产是一项投资少、见效快、收益早的致富门路，对增加群众收入、繁荣市场、满足人民生活需要、出口换汇都有好处。近年来，我国的花椒生产发展较快，花椒年产量已由中华人民共和国成立初期的 200 万~250 万 kg 增加到现在的 120 000 多万 kg。因此,花椒生产发展前景广阔。

(一)见效快,收益大

花椒树易栽易活,生长快,结果早。有句谚语"一年苗二年条,三年四年把钱摇"。花椒树一般栽后 3 年即有收益,5~7 年生树株可株产干椒 4~5 kg,以每千克 30~40 元收购价计算,1 kg 花椒相当于 15~20 kg 小麦的价值。

(二)防风固沙

花椒树喜阳光,耐干旱,根系发达,固土能力强,是一种很好的水土保持树种。

(三)出口换汇

花椒是我国传统出口商品之一,尤其是国产大红袍花椒,由于它颗粒大、果皮厚、颜色深、味香醇可口,在国际市场久负盛名,可出口换汇,并扩大海外市场。同时栽花椒树不占好田,不与粮食生产争地,可以说,发展花椒生产是一举多得的好事。

四、花椒的发展建议

我国农村经济的发展、花椒综合开发利用的深入、对外开放和科技交流的扩大等,使花椒的需求量有较大的增加。但是,目前花椒生产中还存在着良种化程度不高、管理粗放、病虫害严重、产量低且不稳等问题。因而,指导群众科学栽培、抚育、管护花椒,引导群众以椒致富,具有重要意义。

(一)明确发展方向

花椒树能忍受的极限低温一年生苗为-18 ℃,10 年生以上的大树为-21 ℃,低于此温度冬季极易受冻害。因此,我国花椒生产应在现有分布区域内适度发展, 在适宜栽植地区,历史上出现过-18 ℃以下低温的地区要注意冬季防寒。在适宜栽植以外地区发展要慎重,主要考虑冬季低温影响,不要盲目引种。

花椒生产发展方向：一是选择在向阳的山坡梯地，西北面有山林阻挡寒流，利用山麓的逆温层带种植花椒，防止冻害发生。二是利用浅山、丘陵、平原荒地、滩地发展花椒生产增加收益，既为老少边穷地区开辟一条致富之路，又可提高土地利用率、保持水土、维持生态平衡，达到土地永续利用，实现农业可持续发展的目的。

（二）发展优良品种

为尽快实现花椒生产良种化，提高市场竞争力，新发展花椒园及新栽幼树，一定要选择优良品种。对现有花椒生产中的劣种树，通过高接换种、行间定植良种幼树、衰老树一次性淘汰等方法，尽快实现更新。本书推介的优良品种各地可选择利用。

（三）发展无公害生产，提高市场竞争力

随着我国的对外开放和花椒生产的发展，花椒产量的增加，对外出口是大势所趋，因此必须大力发展无公害花椒生产，以提高优质花椒的市场竞争力。

（四）推进产业化发展

目前我国一些花椒产区产量较低，其中有部分新栽幼树和成龄树因管理不善而结果不良，所以要大力普及、推广花椒丰产栽培技术，提高花椒产量和质量。花椒是经济价值极高的果品，且可以深加工。花椒的发展必须走产业化的道路，以市场为导向，以企业为龙头，走“公司+基地+农户”的路子，大力发展农工贸、产供销一体化的经营服务体系，推进花椒生产产业化进程。

（五）创名牌，提高商品价值

近年我国花椒生产发展迅速，各产区要注意创立自己的精品名牌，改进包装、贮运技术，提高商品质量，以优质名牌花椒开拓国际、国内市场。

第一章　花椒优良品种利用与繁育

一、花椒优良品种

目前，我国花椒生产中具有代表性的主栽品种有以下几种。

（一）大红袍

也叫香椒、川椒等，是栽培最多、范围较广的优良品种。该品种盛果期树高3~5 m，树势旺盛，生长迅速，分枝角度小，树姿半开张，树冠半圆形。当年生新梢红色，一年生枝紫褐色，多年生枝灰褐色。皮刺基部宽厚，先端渐尖。果实8月中旬至9月上旬成熟，成熟的果实易开裂，采收期较短。晒干后的果皮呈浓红色，麻味浓，品质上乘。一般4~5 kg鲜果可晒制1 kg干椒皮。

大红袍花椒丰产性强，喜肥抗旱，但不耐水湿、不耐寒，适宜在海拔300~1 800 m的干旱山区和丘陵区的梯田、台地、坡地和沟谷阶地栽培。在陕西、甘肃、山西、河南、山东等省广泛栽培。

（二）大红椒

又称油椒、二红袍、二性子等。该品种盛果期树高2.5~4.5 m，分枝角度大，树姿开张，树势中庸，树冠圆头形。当年生新梢绿色，一年生枝褐绿色，多年生枝灰褐色。皮刺基部宽扁，尖端短钝，并随枝龄增加，常从基部脱落。果实9月中旬前后成熟，成熟时红色，且具油光光泽，表面疣状腺点明显，果穗松散，果柄较长、较粗，果实颗粒大小中等、均匀，直径4.5~5.0 mm，鲜果千粒重70 g左右。晒干后的果皮呈酱红色，果皮较厚，具浓郁的麻香味，品质上乘。一般3.5~4.0 kg鲜果可晒制1 kg干椒皮。

大红椒丰产性、稳产性强，喜肥耐湿，抗逆性强，适宜在海拔

1 300~1 700 m 的干旱山区、丘陵台地和“四旁”地栽植。在西北、华北各省(区)栽培较多。

(三)小红椒

也叫小红袍、小椒子、米椒、马尾椒等。该品种盛果期树高2~4 m,分枝角度大,树姿开张,树势中庸,树冠扁圆形。当年生新梢绿色,阳面略带红色,一年生枝褐绿色,多年生枝灰绿色。皮刺较小,稀而尖利。果实8月上中旬成熟,成熟时鲜红色,果柄较长,果穗较松散,果实颗粒小,大小不甚整齐,直径4.0~4.5 mm,鲜果千粒重58 g左右。成熟后的果皮易开裂,采收期短。晒干后的果皮红色鲜艳,麻香味浓郁,特别是香味浓,品质上乘。一般3.0~3.5 kg鲜果可晒制1 kg干椒皮。

小红椒枝条细软,易下垂,萌芽率和成枝率均高。结果早,但果实成熟时果皮易开裂,栽植面积不宜太大,以免因不能及时采收,造成大量落果,影响产量和品质。在河北、山东、河南、山西、陕西等省都有栽培。

(四)白沙椒

也叫白里椒、白沙旦。该品种盛果期树高2.5~5.0 m。当年生新梢绿白色,一年生枝淡褐绿色,多年生枝灰绿色。皮刺大而稀疏,在多年生枝的基部常脱落。果实8月中下旬成熟,成熟时淡红色,果柄较长,果穗松散,果实颗粒大小中等,鲜果千粒重75 g左右。晒干后干椒皮褐红色,麻香味较浓,但色泽较差。一般3.5~4.0 kg鲜果可晒制1 kg干椒皮。

白沙椒的丰产性和稳产性均强,但椒皮色泽较差,市场销售不太好,不可栽培太多。在山东、河北、河南、山西等省栽培较普遍。

(五)豆椒

又叫白椒。该品种盛果期树高2.5~3.0 m,分枝角度大,树姿开张,树势较强。当年生新梢绿白色,一年生枝淡褐绿色,多年生枝灰褐色。皮刺基部宽大,先端钝。果实9月下旬至10月中旬成熟,果柄粗长,果穗松散,果实成熟前由绿色变为绿白色,颗粒大,果皮厚,直径5.5~6.5 mm,鲜果千粒重91 g左右。果实成熟时淡红色,晒干后暗红色,椒皮品质中等。一般4~5 kg鲜果可晒制1 kg干椒皮。

豆椒抗性强,产量高,在黄河流域的甘肃、山西、陕西等省均有栽培。

(六)秦安1号

该品种分枝角度较小,树姿半开张,树势健壮。枝条特征同大红袍。果实8月下旬至9月上旬成熟,果穗大而紧凑,果柄极短,果实颗粒大,鲜果千粒重88 g左右。成熟时鲜红色,晒干后的椒皮浓红色,色泽鲜艳,麻香味浓,品质上乘。

该品种喜水肥,耐瘠薄,抗干旱,耐寒冷。适宜在干旱或半干旱地区栽培,适宜栽培地区同大红袍。

(七)枸椒

该品种树枝松散,枝软下垂,自然开张为散发状,枝、叶、果色均淡,枝为浅绿色。果穗果实松散,果柄长,颗粒小,千粒鲜果重70 g左右。5 kg鲜果可晒1.0~1.5 kg干椒皮。处暑前后采收,色淡红或黄红,品质较差。但此品种寿命长,发芽迟、花期晚,可免受倒春寒危害,也不易受蛀干害虫危害。多分布于陕西凤县、宝鸡市周边地区及渭北一带。

(八)九叶青

该品种因叶柄上有9片小叶而得名。喜温,土壤适应性广,耐贫瘠,适宜各种土壤,在年降水量600 mm左右地区生长良好。树势强健,生长快,结果早,产量高。一年生苗可达1.2 m,定植第二年即开花结果,株产鲜椒1 kg,第三年单株可产鲜椒3~5 kg。果实清香,麻味醇正。

二、花椒引种

花椒引种首要考虑的是原产地与引进地之间的生态环境的差异程度,应尽量选择土壤、气候等环境条件相近的地区进行引种,特别注意低温是引种能否成功的首要条件。一般北种南引易成功,而南种北引因冬季不能安全越冬而不易成功。

三、花椒良种繁育

(一)种子育苗

花椒种子的选择,既要考虑适生优良品种,又要注意对采种母树的选择,种子的采集、处理及贮藏等。

1. 良种母树的选择

采种的母树要选品质优良、地势向阳、生长健壮、无病虫害、结实年龄在10~15年的结果树。选用当年充分成熟,果实外皮紫红色,种子蓝黑色、饱满,无病虫害的作种子。

2. 采种时间

适时采种是保证种子质量的关键。若采摘过早,种子未成熟,内部含水率较高,种子不饱满,发芽率低;若采摘过晚,种子易脱落,给采种工作造成困难。花椒因其品种不同,种子成熟的时间差异很大,同一品种在不同地区也有差异。一般当果实由绿色变成紫红色、种子变为蓝黑色、有少量果皮开裂时,即可采收。

3. 采种方法

采种时用手摘取,或用剪刀将果实随果穗一起剪下再摘取。采摘时注意尽量减少折伤枝条,以免影响母树第二年的结果。

4. 种子晾晒和净种

采收后及时摊在芦席上晾干,种皮自然开裂后,脱出种子,除去杂物。也可摊放在露天的土地或芦席上暴晒,1~2 h收集一次种子。但切忌在水泥地板上暴晒,以免灼伤种胚,降低种子的发芽率。

刚脱出的种子，温度较高，应及时摊放在干燥、通风的室内或棚下阴干，不能暴晒，也不能堆集在潮湿的地方，以免引起种子发热或发霉，从而失去发芽力。在育苗时常出现出苗率很低的现象，多因所用种子丧失了发芽力的缘故。

鉴别种子是阴干还是晒干的方法：

(1)用眼观察。阴干的种子外皮较暗，不光滑，种阜处组织疏松，似海绵状。晒干的种子外皮光滑，种阜处因种内油脂外溢而干缩结痂。

(2)用锋利小刀切开种子观察。若种仁白色，呈油浸状，黏在一起的，是阴干的种子。若种仁呈黄色或淡黄色，似黏非黏，不是炕过或暴晒的种子，就是长期堆集在一起发热变质的种子。

5. 选种

(1)水选法。将预处理的种子放入多于种子 1~2 倍的水中，搅拌后静置 20~30 min，除去上浮的秕籽和杂质，剩余的则为纯净的优良种子。纯净种子每千克 5.5 万~6 万粒，千粒重 16~18 g。其发芽率可达 85%。

(2)风选法。用簸箕簸动或自然风扬除去秕籽和杂质，得到纯净种子。

6. 秋播种子的处理

花椒种子外壳坚硬，富含油脂，不易吸收水分，播种后当年难以发芽。因此，育苗用的种子，不论当年秋季或翌年春季播种，都必须先进行脱脂处理。

(1)碱水或洗衣粉水浸洗。将精选后的种子放入铁锅或缸内，倒入 2%~2.5%的碱水(碳酸钠溶液)或洗衣粉水，水量以淹没种子为宜，浸泡 10~24 h 后，用手搓洗，除去种子表皮油脂；或用竹子扎成直径 5~10 cm 的小把，在容器内不停地搅，直至种子失去光泽为宜；也可将浸过碱水或洗衣粉水的种子捞出，和沙子混合后用鞋底搓揉,除去表皮油脂。然后用清水冲洗 1~2 次,将碱水或洗衣粉水冲净即可。最后将脱脂洗净的种子捞出,用黄土按 1:1 的比例搅拌混合后摊于阴凉干燥处,到秋季即可播种。

(2)开水烫种催芽法。将种子倒入容积为种子两倍的沸水中,搅拌 2~3 min 后捞出;再倒入 40~50 ℃的温水中浸泡;每天换一次温水;3~4 d 后如有少数种子开裂,即放在温暖处加盖保温 1~2 d,有白芽露出,即可下种。

7. 春播种子的处理

春播种子要进行越冬贮藏和催芽处理,具体方法如下。

(1)鲜牛粪拌种法。用新鲜牛粪与花椒种子按 6:1的比例混合均匀,抹平摊放厚 7~10 cm 于向阳背风的地方,晒干后切成 10~20 cm 大小的方块,放在通风干燥处保存。种皮油脂经过一个冬季后自然除去,翌年春季打碎牛粪块播种。

(2)干牛粪拌种法。用碱水浸泡法处理的种子,可与适量的干牛粪和水混拌均匀后,埋入深 30 cm 的坑内,覆土 10~15 cm,踩实后覆草。翌年春季取出,打碎牛粪块播种。

(3)小窖干藏法。选择土壤湿润、排水良好、温暖向阳的地方,挖一口径 100 cm、底径 35 cm、深 70 cm 左右的小窖,一层种子一层湿土装入窖内,种子厚 10~15 cm,而后倒入水或人粪尿一担,待下渗后再覆 3~5 cm 厚的湿土,中间竖一草把以利通气,窖顶用杂草覆盖。待翌年春季种子膨胀裂口时即可播种。

(4)土块干藏法。将脱脂处理过的种子和草木灰按 1:3的比例混合,加水渗透,堆集贮藏。或将种子、黄土、牛粪、草木灰按 1:2:2:1的比例混合均匀,加水做成泥饼阴干堆集越冬。到翌年春季时打碎土块播种。

(5)沙藏法。将脱脂处理过的种子和湿沙按 1:3的比例混合后,选排水良好的地方,挖宽 1 m,深 40~50 cm 的大坑(坑的大小、深度视种子多少而定),将种子和湿沙混合均匀放入坑内。也可一层沙土一层种子装入坑内。上面覆土 10~15 cm,中间竖一草把以利通气。待翌年春天取出播种。

(6)密封贮藏法。将脱去油脂的种子阴干后,装入缸内或罐内,将罐口密封干藏。春播时再进行催芽处理,其方法是:将干藏的种子倒入 2 倍于种子的 80 ℃热水中,搅拌 2~3 min,再换温水浸泡,以后每天换温水;3~4 d 后,捞出种子放入筐内,置于温暖处,保持湿润,待大部分种子露白时播种。

(7)种子干藏法。把晾干的种子装入麻袋,放在通风干燥处;或把晾干的种子放入缸、罐中加盖但不密封,置于干燥、阴凉的室内。翌年春季播种前再进行脱脂及催芽处理。

8. 圃地选择与整理

(1)圃地选择。培育优质壮苗应选择地势平坦、交通方便、土壤肥沃、质地疏松、水源方便、无风沙危害、无危险性病虫、pH 6.5~8.5 的壤土、沙壤土或轻黏土。

(2)整地。圃地要利用机械或畜力平整土地,在秋末冬初进行深耕,其深为 50 cm 左右,深耕后敞垡越冬,以便土壤风化,并利用冬季低温冻死地下越冬害虫。

(3)施肥。

①基肥。施基肥应以长效的各种农家肥为主,加入适量化肥如硫酸铵、氯化钾、尿素、磷酸二铵、过磷酸钙等。农家肥必须充分堆沤腐熟,以免带来杂草种子、病原菌和害虫;须破碎过筛,防止灼伤幼苗。施用农家肥,要在耕作前将肥料均匀撒在地面,通过翻耕,把肥料埋入耕作层中。饼肥和草木灰可在做苗床时将肥料撒在地面,通过浅耕,埋入耕作层的上部。

②施用量。一般每亩施饼肥 100~150 kg,或厩肥、堆肥 5 000~10 000 kg,并配施磷酸二铵 10~15 kg,或过磷酸钙 25~50 kg。

(4)土壤处理。为了防止病虫危害,需在播种前 5~7 d 进行土壤处理。一般在床面每平方米喷洒1%~3%的硫酸亚铁水溶液3.0~4.5 kg,或将硫酸亚铁粉剂均匀撒入床面或播种沟内进行灭菌。同时,用辛硫磷颗粒剂撒施土壤或其他高效低毒杀虫剂处理土壤,以杀灭土壤害虫。

(5)苗床准备。播种前需根据不同的育苗方式在育苗地上做床,有灌溉条件的做低床,无灌溉条件的做平床,土壤较黏的做高床。床面规格:床面宽1.0~1.2 m、长5~10 m,埂宽30~40 cm,苗床之间留走道。

9. 播种时间

播种分春季和秋季,以秋季播种为好。

(1)春播。一般在土壤解冻后进行,具体播种时间因各地区的气候条件而异。黄淮地区为3月中旬至4月上旬。要求地表以下10 cm处的地温达到8~10 ℃。春播适宜于春季降雨较多、土壤湿润的地方或无灌溉条件的山地育苗。春季播种后土壤升温快,有利于种子发芽,出苗时间短,幼苗出土整齐,也不易遭受冻害,但需要随时检查沙藏种子的出芽情况。一般在幼苗出土后不受晚霜冻害的前提下,以早播为佳。

(2)秋播。适宜于冬季温暖或春季干旱的地区。秋播一般在土壤封冻前的10月下旬至11月下旬进行,对晚熟品种如大红袍、豆椒也可以随采随播。秋季播种后种子在土壤中完成冬季贮藏和催芽环节,春季种子发芽出苗早,一般比春季播种早出苗10~15 d,因此要注意防止晚霜冻。在土壤墒情较好时,秋播出苗也很整齐。秋播苗特点是生长期长、根系大、苗木抗旱能力强、成苗率高。

10. 播种量

条播一般每亩需种子10~15 kg,撒播每亩需种子20~25 kg。但播种量因种子质量、播种方法及土壤墒情、肥力等因素影响而有一定变化。

11. 播种方法

（1）条播。人工开沟播种，一般行距 20～25 cm，播幅 10～15 cm，撒入种子后，用细土覆盖 2～3 cm，稍加踩压。行向以南北向为好。大田条播可采用宽窄双行条播，窄行行距小，宽行行距大，但播幅宜小。

（2）撒播。将种子均匀撒入苗床，然后人工耙磨，使种子入土。撒播省时，产苗量高，但不便于苗床松土除草。

（3）地膜覆盖育苗。在春季比较干旱地区适于地膜覆盖育苗。方法是：在整理好的苗床上，按地势沿等高线铺膜，隔段压土，以防地膜被风吹起，步道宽 30 cm，然后用穴播机或人工点播。行距 15 cm，一般 80 cm 宽的地膜可播种 5 行。播种后在播穴上覆土或覆沙，厚度为 1 cm。每亩播穴 2.7 万～3.0 万个，每穴投放种子 3～5 粒，每亩可出圃苗木 1.8 万～2.4 万株。塑料薄膜覆盖育苗出苗后要注意：当 60% 的苗木出土后应及时通风、撤膜，以免灼伤幼苗。

12. 播种后的管理

（1）灌溉与排水。秋季播种，在播种后应立即灌水；春季播种，在播种前灌足底墒水，土壤墒情好的情况下，播种前后可不灌水。出苗期一般不灌水；6 月以前为幼苗生长期，根据土壤墒情适量灌水；7～8 月为苗木速生期，生长速度快，需水量较大，应及时灌水，使土壤表面经常保持湿润状态。苗圃地遇雨要及时排水，防止田间渍害。

（2）松土、除草。秋季播种的育苗地应在翌年春季土壤解冻后立即进行松土；春季播种的育苗地出苗前一般不需要松土。苗木生长期，一般在灌水或降雨后，松土除草，原则是雨后必锄，有草即锄。松土深度，刚出苗时 2～4 cm 为宜，以后可逐步加深到 10 cm 左右。

（3）间苗、定苗。花椒在播种育苗时，出苗量往往较大，或出苗不齐、密度不匀，可通过间苗和补苗来调整密度。当苗木 3 cm 高时，进行第一次间苗，以后 15~20 d 间苗 1 次，分 2~3 次完成。间苗对象以生长不良、发育不健全、遭受机械损伤和病虫危害的幼苗为主。当苗木长到 10 cm 左右时，即可进行最后一次间苗（定苗）。定苗时，留苗要均匀，亩留苗 1.6 万~2.2 万株为宜。间苗、定苗应在雨后或灌水后进行，尽量不要损伤幼苗，保留苗根系。

为了弥补缺苗断垄现象，可结合间苗进行补苗。在幼苗长出 1~2 片真叶期的阴雨天，用锋利小铲将过密处的苗木带土掘起，随即移栽到缺苗处，栽后立即浇水。

（二）扦插育苗

种子育苗，不易保持母树的优良特性。而扦插育苗虽然费工，却可保持优良母树的特性且成活率高，最高可达 90%左右，苗木也健壮。

1. 插穗的选择与处理

秋末或开春花椒未发芽前，在 1~3 年生的花椒树上，选取一年生的枝条做插穗。将插穗剪成长 18~20 cm，有 3~4 个饱满芽的枝段，枝段下端剪成斜削面，上端剪成平面。剪好插穗后，用 ABT 生根粉 1 号 1 g 药剂溶于 0.5 kg 酒精中，兑凉开水 19.5 kg，浸插穗基部 1~2 h，一次可处理插穗 3 000~6 000 根，可明显提高生根率及成苗率。

2. 扦插

在整好的苗圃地内挖宽、深各 15 cm 的条沟，条沟距 25 cm。条沟底施腐熟农家肥，将插穗微斜，株距 10 cm 左右均匀插入沟内，然后覆土踏实，地面上露出一个芽即可。扦插后立即灌水，以保持地面土壤湿润。

（三）嫁接育苗

用品质、产量及经济价值低的野生、劣种花椒作砧木，以优良的大红袍、小红袍等品种的当年生枝条为接穗，采用劈接、皮下腹接等方法进行嫁接,成活率可达 75%以上。接后 20 d 左右萌芽发枝,有少量枝条当年可开花结实。翌年秋季可出圃栽植。

1. 砧木苗管理

在嫁接前 20~30 d,把砧木苗距地面 12~14 cm 内的皮刺、叶片和萌枝全部除去,以利操作。同时进行一次追肥和除草,促进砧木苗生长健壮。

2. 采穗与贮藏

在优良品种的健壮植株上采集一年生向阳的壮实枝条作接穗,接穗采下后用塑料薄膜或湿布包好防止枝条水分散失。随采随嫁接成活率高。

3. 嫁接

适于花椒嫁接且成活率高的方法有以下几种。

(1)劈接。宜在春分前后进行。首先将砧木苗在离地面 4~6 cm 处剪断,剪口要平齐。然后用劈接刀在砧木横断面中间垂直切下,切口深 4~6 cm。接穗应长 8~10 cm 并带有 2~3 个饱满芽。将接穗的下端正面削成 4~6 cm 长削面,背面斜削成 2~3 cm 短削面,削成楔形。插入备好的砧木切口中,使接穗和砧木的形成层紧密相接。每一砧木切口的两边,应各插入一个接穗。用塑料薄膜带绑扎好,注意不要损伤皮层。最后培土至接穗,但不要盖住顶端。

(2)皮下腹接。先在砧木离地面 6~8 cm 处选一平滑面,用嫁接刀在此平滑处的皮层上划一个"T"字形,然后用刀尖轻轻将划口的皮层剥开少许。接穗下部削成 5~6 cm 长的大斜面,在大斜面的背面两侧轻轻削去表皮,使其尖端削成箭头状,削面要光滑。再将削好的接穗插入砧木削口处,直到接穗削面插完为止。最后用塑料薄膜带扎紧即成。

(3)芽接。7~8 月在砧木离地面 6~8 cm 处选择平滑面,横切一刀呈半月形切口,深度以切透皮层为准,再从横切口的中央垂直向下划一纵切口，长度 2~3 cm，使纵横切口呈“T”字形。然后用刀尖在纵横切口交接处，将皮层向左右拨开。左手持接穗，右手持芽接刀，先在接芽上方 0.3~0.4 cm 处横切一刀，再从芽下面 2 cm 处向上面平削一刀，削至芽上面横切口处，使芽片稍带一点木质部。接着在芽的上面 2 cm 处横切一刀，将芽片切取下来。最后将接芽嵌入砧木“T”字形切口内，用塑料薄膜带捆扎好。捆扎时芽子应裸露在外面，以利抽发新梢。

这种嫁接方法因为伤口不大，愈合得好，成活率也高，一次未接活，可以再行补接 2~3 次。

4. 嫁接苗管理

检查成活及补接：嫁接后 20 d 左右，若接芽或接穗的颜色仍新鲜饱满，嫁接后已开始愈合或芽已萌动，证明嫁接已成活。如接穗枯萎变色，说明没有接活，应及时进行补接。

解除捆绑的塑料薄膜带：夏秋季嫁接的接芽或接穗成活萌发后，即可解除塑料薄膜带；晚秋嫁接的当年不能萌发，要到翌年发芽前才能解除。捆绑的塑料薄膜带解早了或解迟了，都会对嫁接成活率和今后接口愈合有影响。如解绑过早，常因接口未长好而开裂，致成活率降低。如解绑过迟，往往造成接口变形，影响苗木生长，或将来接枝会从嫁接口折断。因此，解除塑料薄膜带一定要适时。

剪砧与除萌：在确定接芽成活且开始萌发后，即可剪砧。剪砧分 2~3 次完成，最终剪至距接芽上方 1 cm 处。剪砧时刀刃应在接芽一侧，向接芽背面微下斜剪断呈马蹄形。剪砧后，砧木上极易抽发出萌芽，应随时剪除，以免争夺养分。待嫁接苗长到 50~65 cm 时，可进行摘心，以促进苗子向粗生长并发侧枝。

（四）苗圃地追肥与病虫害防治

1. 追肥

（1）土壤追肥。一般在播种行内于雨后开沟施入，或施肥后灌水。分别在6月下旬和8月中旬进行。追施的肥料以尿素、硫酸铵等速效性化肥为主。一次性施肥量每亩10~15 kg。

(2)叶面追肥。将速效性化肥和微量元素肥料直接喷洒在苗木茎叶上。使用的肥料主要有尿素、过磷酸钙、氯化钾、硫酸钾、磷酸二氢钾等。喷肥时注意使叶片的正反面都着上肥料。喷后4 h内如遇雨,需重新补喷。

2. 病虫害防治

花椒苗木在生长过程中,常见的虫害有蛴螬、蝼蛄、蚜虫等。病害有花椒锈病等。

1)蛴螬

金龟子的幼虫,通称蛴螬。成虫俗称铜克郎、金克郎、瞎碰等。

(1)危害特点。危害花椒插穗和幼苗根系。

(2)形态特征。幼虫体乳白色,头赤褐色或黄褐色,体弯曲似"C"字形,体壁多皱褶,胸足3对特别发达,腹部无足,末端肥大(见图1-1)。

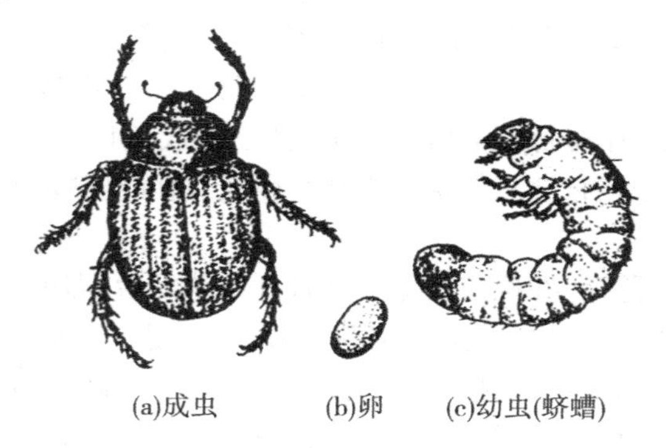

(a)成虫　(b)卵　(c)幼虫(蛴螬)

图1-1　金龟子

(3)发生规律。1年发生1代。以幼虫在土内越冬。翌年4月开始为害,常把幼苗幼根皮部咬噬成大的疤痕,使整株苗木枯死。凡耕作粗放、草荒地、施用未腐熟有机肥的地方,幼虫(蛴螬)

最多,危害最重。6月初,成虫开始出土,6~7月上旬危害严重。成虫多在傍晚6~7时飞出,进行交尾产卵并食叶为害,白天潜伏在深7 cm左右疏松潮湿的土壤里。成虫有较强的趋光性和假死性,以晚8~10时灯诱数量最多。雌成虫于6月中旬开始产卵于土壤里。7月间出现新一代低龄幼虫,10月上中旬幼虫在土中开始下迁越冬。

(4)防治方法。①冬前深耕苗圃地,利用冰冻、日晒、鸟食消灭越冬幼虫。②利用成虫的假死性,于傍晚进行人工捕杀;利用成虫趋光性,在苗圃地用黑光灯诱杀。③基肥里全面喷洒75%辛硫磷乳油1 000~1 500倍液,搅拌混匀,触杀幼虫。④在成虫危害期喷洒50%马拉硫磷乳油1 000倍液或90%晶体敌百虫800~1 000倍液等,触杀成虫。

2)蝼蛄

俗称土狗、地狗、拉拉蛄。主要有华北蝼蛄和非洲蝼蛄。

(1)危害特点。分布于北纬32°以北地区,食性很杂。以成虫、若虫食害花椒树的根和靠近地面的幼茎;或在地表层活动,钻成很多纵横交错的隧道,使幼苗根系与土壤脱离枯萎而死;也食害刚播下的种子。

(2)形态特征。成虫:雄虫体长39~45 mm,体黑褐色;前翅长约14 mm,后翅超过腹部末端3~4 mm;后足胫节背面内侧一般仅有1~2个刺;腹部圆筒形。若虫:初孵化时全体乳白色,稍大后变为褐色,成龄后与成虫同色(见图1-2)。

(3)发生规律。3年左右完成一代。以若虫或成虫在土壤里越冬,4~5月为活动危害盛期,在地表出现大量隧道。昼伏夜出,夜间取食为害。6月上旬至8月上旬为产卵期,卵多产在缺苗断垄、高燥向阳、靠近地埂及畦埂附近疏松的土壤里。卵经20~25 d即孵化为若虫。10月逐渐停止活动越冬。

(4)防治方法。①利用蝼蛄对马粪、灯光的趋性进行诱杀。

1　　　　2　　　　3

1—华北蝼蛄成虫;2—华北蝼蛄末龄若虫;3—非洲蝼蛄雌成虫

图 1-2　蝼蛄

②苗圃整地及施基肥时喷洒 50%辛硫磷乳油等 1 000～1 500 倍液,进行土壤或肥料处理,消灭成虫、若虫。③在危害期间,用炒香的麦麸喷洒高效低毒的菊酯类农药或 90%晶体敌百虫 800～1 000 倍液做成毒饵,傍晚撒于地面,诱杀成虫、若虫。

(五)苗木出圃

1. 出圃时间

苗木出圃时间与建园季节一致,即冬季为落叶后土壤封冻前的 11 月上旬至 12 月,春季土壤解冻后树体芽萌动前的 2 月下旬至 3 月下旬。

2. 掘苗方法

根据苗木根系水平和垂直分布范围,确定掘苗沟的宽度和深度。一般顺苗木行向一侧开挖宽、深各 30 cm 的沟壕,然后用铁锹在苗木行另一侧(距苗干约 25 cm 处)垂直下切,将苗掘出。在掘苗过程中,注意不要撕裂侧根和苗干。掘苗后,每株苗选留健壮干 1 个,剪除多余的细弱干及病虫枝干。

3. 苗木分级

苗木出圃后,按照苗木不同苗龄、高度、地径、根系状况等进行分级。根据河南省苗木生产和建园用苗的现状,苗木地方分级标准见表 1-1。

表 1-1　苗木地方分级标准

苗龄	等级	苗高（cm）	地径（cm）	侧根条数（条）	根幅（cm）	备注
一年生	1	70~90	0.7~0.9	6	30	无伤根
	2	55~69	0.5~0.6	4~5	20	无伤根
	3	40~54	0.4~0.5	2~3	20	少数伤根
二年生	1	90~110	0.9~1.1	10	50	无伤根
	2	75~89	0.7~0.8	8~9	40	无伤根
	3	60~74	0.6~0.7	6~7	30	少数伤根

4. 苗木假植

苗木经修剪、分级后，若不能及时栽植，要就地按品种、苗龄分级假植。假植地应选择在背风向阳、地势平坦高燥的地方。先从假植地块的南端开始挖东西走向宽、深各 40 cm，长 15~20 m 的假植沟，挖出的土堆放于沟的南侧。待第一假植沟挖成后，将苗木根北梢南、稍倾斜排放于沟内。然后开挖第二条假植沟，其沟土翻入前假植沟内覆盖苗 2/3 高，厚 8~10 cm。如此反复，直至苗木假植完为止，假植好后要浇水一次。这种假植方法主要是为了防止冬季北风侵入假植沟内，保护苗木不受冻害。在假植期要经常检查，防止苗木受冻、失水干死和发生霉烂。

5. 苗木检疫与包装运输

在苗木调运前，应向当地县级以上植物检疫部门申请苗木检疫。苗木检疫的目的是保障花椒生产安全，防止毁灭性的病虫害传入新建园地区。苗木凭检疫证调运。

花椒种苗检疫的对象，国家没有明文规定，但根据国内各产区情况，应注意几种病虫的检疫，尽量避免传播。害虫为天牛类、吉丁虫，病害为干腐病。

冬春季苗木调运过程中,要做好防冻保湿措施。苗木包装是依据苗木大小,每 50~100 株一捆,将根部蘸泥浆后用麻袋或编织袋包捆苗根。每捆苗木上附记有品种、数量、苗龄、分级、产地、日期的标签两枚。苗木运输途中须加盖篷布以防风吹日晒。苗木到达目的地后,若不能马上栽植要及时假植。

第二章　花椒树生长对环境条件的要求

一、花椒树生长的物候期

花椒春季萌发较早，在黄淮产区一般3月下旬萌动，4月初发芽，4月中旬现蕾，5月初为盛花期，5月中旬花谢，5月下旬果实开始发育，7月中旬果实着色、种子变硬，立秋后成熟，如不及时采收就会自行脱落。春季发芽的早晚与生长地域、栽培品种、立地条件、树势强弱等有关。花椒早熟品种8月中旬成熟，晚熟品种9月上中旬成熟，10月下旬落叶，生长期约190 d。

二、花椒树对土壤的要求

花椒属浅根系树种，根系主要分布在0~60 cm的土层中，一般土壤厚度80 cm左右即可基本满足花椒的生长结果。土层深厚，则根系强大，地上部生长健壮，椒果产量高品质好；相反，土层浅薄，根系分布浅，影响地上部的生长结果，容易形成“小老树”。

花椒根系喜肥好气，对土壤的适应性很强，除极黏重的土壤和粗沙地、沼泽地、盐碱地外，一般的壤土、沙壤土、轻黏土均可栽培。以壤土和沙壤土最适宜花椒的生长发育，土壤肥沃，可满足花椒树健壮生长和连年丰产的需求。

花椒在土壤pH 6.5~8.0的范围内都能栽植，但以在pH 7.0~7.5的范围内生长结果为最好。花椒喜钙，在石灰岩山地上生长特别好。

三、花椒树对温度的要求

花椒是喜温树种,耐寒性相对较差。在年平均气温 8～16 ℃的地区都适宜栽培,但在 10～15 ℃的地区栽培生长良好;在年平均气温低于 10 ℃的地区,虽然也有栽培,但冬季常有冻害发生。花椒成年壮树较耐寒,幼树、老树耐寒性较差,一年生苗-18 ℃时枝条受害,10 年以上大树能忍耐-21 ℃的低温,但在-25 ℃时,大树也有冻死的危险。

四、花椒树对光照的要求

花椒是喜光性树种。光照条件直接影响树体的生长发育和果实的产量与品质。花椒生长一般要求年日照时数不少于 1 800 h,生长期日照时数不少于 1 200 h。在光照充足的条件下,树体生长发育健壮,椒果产量高,品质好。光照不足时,枝条细弱,分枝少,果穗和果粒都小,果实着色差。开花期光照良好,坐果率高。如遇阴雨、低温天气,则易引起大量落花、落果。

在一株树上,若树冠外围光照条件好,内膛光照条件差,则外围枝花芽饱满,坐果率高,而内膛枝花芽瘦小,坐果少;若长期内膛光照不足,就会引起内膛小枝枯死,结果部位外移。因此,建园时要注意合理密植,保证树冠获得充足的光照。在栽培管理上,应合理整形修剪,保持树冠通风透光,实现树冠内膛、外围结果。

五、花椒树对水分的要求

花椒抗旱性较强,一般在年降水量 500 mm 以上,且降水分布比较均匀的条件下,可基本满足花椒的生长发育;在年降水量 500 mm 以下,且 6 月以前降雨少的地区,可于萌芽前和坐果后各灌水 1 次,即可保证花椒的正常生长和结果。但是花椒根系分布浅,难以忍耐严重干旱。在黏质壤土上生长的植株,土壤含水量低于

10.4%时,叶片会出现轻度萎蔫;低于8.5%时,会出现重度萎蔫;降至6.4%以下时,会导致植株死亡。

花椒根系不耐水湿,土壤过分湿润,不利于花椒树生长。土壤积水或长期板结,易造成根系因缺氧窒息而使花椒树死亡。花椒生育期降水过分集中,会造成湿度过大,日照不足,若花期长期连阴雨,影响坐果率;若成熟期雨水多,则导致果实着色不好,也不利于采收和晾晒,影响产量和质量。

六、花椒树对风的要求

通过风促进空气中二氧化碳和氧气的流动,可维持花椒园内二氧化碳和氧气的正常浓度,有利于光合作用、呼吸作用的进行。一般的微风、小风可改变林间湿度、温度,调节小气候,提高光合作用和蒸腾效率,解除辐射、霜冻的威胁。花椒雌雄同株或异株,单性花与两性花并存,以异花授粉为主,自花也可完成授粉受精。微风有利生长、开花、授粉和果实发育。所以,风对果实生长有密切关系。但风级过大易形成灾害,对花椒树的生长又是不利的。

七、花椒树对地势、坡度和坡向的要求

花椒多在山地上栽培。山地地形复杂,地势变化大,气候和土壤条件差异也较大,其中海拔高度(地势)、坡度和坡向常常引起光、热、水、风等生态因子的变化而影响花椒树生长。

就自然条件的变化规律而言,一般随海拔增高而温度有规律地下降,空气中的二氧化碳浓度变稀薄,光照强度和紫外光增强,雨量在一定范围内随高度上升而增加。但随垂直高度的增加,坡度增大,植物覆盖程度变差,土壤被冲刷侵蚀程度更为严重。自然条件的变化有些对花椒树的生长是有利的而有些则是不利的,但不利因素为多。花椒树在山地就没有平原区生长得好,花椒的生长量和椒果产量在山地呈下降趋势。在一定范围内随海拔高度的

增加，花椒的着色、品质明显优于低海拔地区。

花椒的垂直分布，太行山、吕梁山、山东半岛等地在海拔 800 m 以下；秦岭以南在海拔 500～1 500 m；秦岭以北多在海拔 1 200～2 000 m；云贵高原、川西山地多在海拔 1 500～2 600 m。

坡度的大小，对花椒树的生长也有影响。随着坡度的增大，土壤的含水量减少，冲刷程度严重，土壤肥力低，干旱，易形成"小老树"，产量、品质都不佳。而缓坡和下坡的土层深厚，土壤肥力和水分条件较好，花椒的生长发育也好。

坡向对坡地的土壤温度、土壤水分及光照有很大影响。南坡日照时间长，所获得的散射辐射也比水平面多，小气候温暖，物候期开始较早，所以花椒在阳坡和半阳坡上生长、结实及品质明显好于阴坡。但南坡因温度较高，融雪和解冻都较早，蒸发量大，易于干旱。在干旱、半干旱地区，由于水分条件的制约，阴坡对花椒生长结果的影响表现为略好于阳坡。

八、花椒无公害栽培的意义

无公害花椒，是指产地环境、生产过程与产品质量符合国家和农业行业相关的无公害产品标准与生产技术规程，并经产地和市场质量监管部门检验合格，可以使用无公害产品标志的产品。亦即无公害花椒含有的有毒有害物质，如农药残留量、重金属含量、硝酸盐含量和有害微生物等，均在国家与行业规定值允许的范围内，食用后，对人体不会造成危害。现在，由于许多地区的生态环境受到污染，在花椒生产及贮存与流通过程中又缺乏科学的技术与手段，因而不少花椒不同程度地受到了污染，这些被污染的花椒被人们食用后，可能对人体的健康及生命安全造成危害。随着人民生活水平的提高，花椒的质量安全问题备受关注。因此，生产无公害花椒的无公害栽培过程也至关重要。

九、花椒无公害生产技术要求

花椒的污染源，主要来自环境污染和生产污染两个方面。环境污染，情况比较复杂，牵涉政策、资金和技术等诸多问题，全面治理难，只能逐步改善，但可以选择污染程度较轻或无污染的地方作为生产基地。生产污染，主要是人为造成的，只要在花椒生产的各个环节，采取科学管理措施，严格按照无公害花椒的生产管理技术规范操作，特别是严格限制农药和肥料的使用，就可以有效地控制污染。

（一）要求空气环境质量标准

花椒园的空气环境标准可参照国家制定的《环境空气质量标准》（GB 3095—2012）执行。环境空气污染物基本项目标准分为以下2类（见表2-1）。

一类区：为自然保护区、风景名胜区和其他需要特殊保护的区域。

二类区：为居住区、商业交通居民混合区、文化区、工业区和农村地区。

生产无公害花椒的空气环境质量应达到二类区标准。

表2-1　环境空气污染物基本项目标准

污染物	平均时间	浓度限值		单位
		一级标准	二级标准	
二氧化硫	年平均	20	60	$\mu g/m^3$
	24 h平均	50	150	
	1 h平均	150	500	

续表 2-1

污染物	平均时间	浓度限值		单位
		一级标准	二级标准	
二氧化氮	年平均	40	40	μg/m³
	24 h 平均	80	80	
	1 h 平均	200	200	
一氧化碳	24 h 平均	4	4	mg/m³
	1 h 平均	10	10	
臭氧	日最大 8 h 平均	100	160	μg/m³
	1 h 平均	160	200	
颗粒物(粒径小于等于 10 μm)	年平均	40	70	
	24 h 平均	50	150	
颗粒物(粒径小于等于 2.5 μm)	年平均	15	35	
	24 h 平均	35	75	
总悬浮颗粒物	年平均	80	200	
	24 h 平均	120	300	
氮氧化物	年平均	50	50	
	24 h 平均	100	100	
	1 h 平均	250	250	
铅	年平均	0.5	0.5	
	季平均	1	1	
苯并[a]芘	年平均	0.001	0.001	
	24 h 平均	0.002 5	0.002 5	

为了保证花椒生产基地空气环境质量的稳定,应避免在化工厂、发电厂、农药厂等可能排放污染气体的厂矿的下风头建立基地。

(二)要求灌溉水质标准

无公害花椒生产基地用水要求清洁无毒,应符合国家《农田灌溉水质标准》(GB 5084—2021)二类水质标准,标准对水质、pH值、盐分含量、总汞、总镉、总砷、铬(六价)、氯化物、氰化物等都做了严格的规定(见表2-2)。

表2-2　无公害花椒农田灌溉水质标准

项目		水质标准
五日生化需氧量(mg/L)	≤	100
化学需氧量(mg/L)	≤	200
悬浮物(mg/L)	≤	100
阴离子表面活性剂(mg/L)	≤	8
水温(℃)	≤	35
pH值	≤	5.5~8.5
全盐量(mg/L)	≤	1 000(非盐碱土地区),2 000(盐碱土地区)
氯化物(mg/L)	≤	350
硫化物(mg/L)	≤	1
总汞(mg/L)	≤	0.001
总镉(mg/L)	≤	0.01
总砷 (mg/L)	≤	0.1

续表 2-2

项目		水质标准
铬(六价)(mg/L)	≤	0.1
总铅(mg/L)	≤	0.2
总铜(mg/L)	≤	1
总锌(mg/L)	≤	2
硒(mg/L)	≤	0.02
氟化物(mg/L)	≤	2(一般地区),3(高氟区)
氰化物(mg/L)	≤	0.5
石油类(mg/L)	≤	10
挥发酚(mg/L)	≤	1
苯(mg/L)	≤	2.5
三氯乙醛(mg/L)	≤	0.5
丙烯醛(mg/L)	≤	0.5
硼(mg/L)	≤	1(对硼敏感作物,如黄瓜、豆类、马铃薯、笋瓜、韭菜、洋葱、柑橘等) 2(对硼耐受性较强的作物,如小麦、玉米、青椒、小白菜、葱等) 3(对硼耐受性强的作物,如水稻、萝卜、油菜、甘蓝等)
粪大肠菌群数(MPN/L)	≤	40 000
蛔虫卵数(个/10 L)	≤	20

(三)要求土壤环境质量标准

无公害花椒生产基地要求土壤中有害物质含量低,基本无农药残留。土壤环境质量标准应符合《土壤环境质量　农用地土壤污染风险管控标准(试行)》(GB 15618—2018)对农用地土壤污染风险筛选值(基本项目)的要求(见表 2-3)。

表 2-3　无公害花椒生产土壤环境质量标准　(mg /kg)

pH	污染物							
	汞	镉	砷	铅	铬	铜	镍	锌
≤5.5	1.3	0.3	40	70	150	150	60	200
5.5~6.5	1.8	0.3	40	90	150	150	70	200
6.5~7.5	2.4	0.3	30	120	200	200	100	250
>7.5	3.4	0.6	25	170	250	200	190	300

(四)要求农药使用标准

按农药的毒性,可将其分为高毒、中毒和低毒三类。无公害花椒对农药的使用要求是:尽量不用化学农药;若要使用化学农药,优先采用低毒农药,有限制地使用中毒农药,严禁使用高毒、高残留农药和“三致”(致癌、致畸、致突变)农药。花椒树上允许使用、有限度使用和禁止使用的主要农药品种介绍如下,供参考。

1. 允许使用的部分农药品种及使用要求

在无公害花椒生产中,要根据防治对象的生物学特性和危害特点合理选择允许使用的药剂品种。允许使用的药剂主要种类有:

(1)植物源杀虫、杀菌剂:除虫菊素、鱼藤酮、烟碱、苦参碱、植物油、印楝素、苦楝素、川楝素、茴蒿素、松脂合剂、芝麻素等。

(2)矿物源杀虫、杀菌剂:石硫合剂、波尔多液、机油乳剂、柴油乳剂、石悬剂、硫黄粉、草木灰、腐必清等。

(3)微生物源杀虫、杀菌剂:BT 乳剂、白僵菌、阿维菌素、中生菌素、多氧霉素和农抗 120 等。

(4)昆虫生长调节剂:灭幼脲、除虫脲、氟虫脲、性诱剂等。

(5)低毒、低残留化学农药：

①主要杀菌剂：5%菌毒清水剂，70%甲基硫菌灵可湿性粉剂，50%多菌灵可湿性粉剂，40%氟硅唑乳油，1%中生菌素水剂，70%代森锰锌可湿性粉剂，70%乙磷铝锰锌可湿性粉剂，843 康复剂，15%三唑酮乳油，75%百菌清可湿性粉剂，50%异菌脲可湿性粉剂等。

②主要杀虫、杀螨剂：1%阿维菌素乳油，10%吡虫啉可湿性粉剂，25%灭幼脲 3 号悬浮剂，50%辛脲乳油，50%蛾螨灵乳油，20%杀铃脲悬浮剂，50%马拉硫磷乳油，50%辛硫磷乳油，5%噻螨酮乳油，20%螨死净悬浮剂，15%哒螨灵乳油，40%蚜灭多乳油，99.1%敌死虫乳油，5%氟虫脲乳油，25%噻嗪酮可湿性粉剂，25%氟啶脲乳油等。

允许使用的化学合成农药每种每年最多使用 2 次，最后一次施药距安全采收间隔期应在 20 d 以上。

2. 限制使用的部分农药品种及使用要求

限制使用的化学合成农药品种主要有：48%哒嗪硫磷乳油，50%抗蚜威可湿性粉剂，25%辟蚜雾水分散粒剂，2.5%三氟氯氰菊酯乳油，20%甲氰菊酯乳油，30%桃小灵乳油，80%敌敌畏乳油，50%杀螟硫磷乳油，10%高效氯氰菊酯乳油，2.5%溴氰菊酯乳油，20%氰戊菊酯乳油等。

无公害花椒生产中限制使用的农药品种，每年最多使用 1 次，施药距安全采收间隔期应在 30 d 以上。

3. 禁止使用的农药

(1)杀虫剂类。有机磷类：甲拌磷、乙拌磷、久效磷、对硫磷、甲基对硫磷、甲胺磷、甲基异柳磷、特丁硫磷、甲基硫环磷、治螟磷、内吸磷、氧化乐果、磷胺、灭线磷、硫环磷、蝇毒磷、地虫硫磷、氯唑磷、苯线磷、水胺硫磷、硫线磷、杀扑磷。氨基甲酸酯类：克百威、涕灭威、灭多威、杀虫脒、氟虫胺。取代苯类：腐霉利、五氯苯甲醇。

有机氯类：滴滴涕、六六六、毒杀芬、二溴氯丙烷、二溴乙烷、林丹、艾氏剂、狄氏剂、硫丹。杀螨剂：三氯杀螨醇、克螨特。

（2）杀菌剂类：福美胂、福美甲胂、甲基砷酸锌、甲基砷酸铁铵、砷酸钙、砷酸铅；氟化钠、氟化钙、氟乙酰胺、氟铝酸钠、氟硅酸钠、氟乙酸钠；敌枯双、溴甲烷、三苯基醋酸锡、三苯基氯化锡；氯化乙基汞（西力生）、醋酸苯汞（赛力散）等砷类制剂、铅类制剂、汞类制剂。

（3）除草剂类：除草醚、草枯醚、氯磺隆、胺苯磺隆、甲磺隆、百草枯、2,4-滴丁酯、草甘膦。

（4）杀鼠剂：毒鼠强、毒鼠硅、磷化钙、磷化镁、磷化锌、甘氟。

（5）国家规定无公害花椒生产禁止使用的其他农药。

为了减轻农药的污染，除了注意选用农药品种，还要严格控制农药的施用量，并且应在有效的浓度范围内，尽量用低浓度的药剂进行防治。喷药次数要根据药剂的残效期和病虫害发生程度来定，不要随意提高用药剂量、浓度和次数，应从改进施药方法和喷药质量方面来提高药剂的防治效果。另外，在安全采收期内，应停止喷洒农药，以保证花椒中无残留，或虽有少量残留但不超标。

（五）要求肥料使用标准

花椒园施肥的原则是：要将充足的有机肥和一定数量的化学肥料施入土壤，以保持和增加土壤肥力，改善土壤结构及生物活性，同时要避免肥料中的有害物质进入土壤，从而起到控制污染、保护环境的作用。生产无公害花椒的施肥标准可根据花椒树特点和肥料性质，按照国家农业行业标准《绿色食品肥料使用准则》（NY/T 394—2013），因地制宜地进行操作。

1. 允许使用的肥料种类

生产无公害花椒允许使用的肥料种类为：①有机肥料，如堆肥、厩肥、沤肥、沼气肥、饼肥、绿肥和作物秸秆等；②腐植酸类肥料，如泥炭、褐煤和风化煤等；③微生物肥料，如根瘤菌、固氮菌、磷细菌、硅酸盐细菌和复合菌等；④有机复合肥；⑤无机（矿质）肥料，如矿物钾肥、硫酸钾、矿物磷肥（磷矿粉）、钙镁磷肥、石灰石（酸性土壤使用）和粉状磷肥（碱性土壤使用）；⑥叶面肥料，如微量元素肥料，植物生长辅助物质肥料；⑦其他有机肥料。

凡是堆肥，均需经 50 ℃以上温度发酵 5～7 d，以杀灭病菌、虫卵和杂草种子，去除有害气体和有机酸，充分腐熟以后方可施用。

2. 限制使用化学肥料

花椒生产中若过量施用化学肥料，加上方法不当、配合不合理，不仅易造成严重污染，而且降低花椒质量。生产无公害花椒，不是绝对不用化肥，而是在大量施用有机肥的基础上，根据花椒树需肥规律，合理、适量使用化肥。原则上，化学肥料要与有机肥料、微生物肥料配合使用，可作基肥或追肥，有机氮与无机氮之比以 1∶0.02 为宜（大约掌握厩肥 1 000 kg 加尿素 20 kg 的比例）。用化肥作追肥，应在采果前 30 d 停用。

3. 慎用城市垃圾肥料

城市垃圾的成分极为复杂，必须清除金属、橡胶、塑料及砖瓦、石块等杂物，且不得含重金属和有害有毒物质，所有垃圾必须经过无害化处理，达到国家规定的安全标准后方可使用。

4. 只可使用合格肥料

商品肥料和新型肥料，必须是经国家有关部门批准登记的品牌品种，才能使用。否则，用不合格的肥料所生产的花椒，其安全性也难以得到保证。

第三章　花椒栽培建园

一、花椒园地选择与规划

适宜栽树建园地点的选择，尤其要考虑花椒树种的生态适应性和气候、土壤、地势、植被等自然条件，以及无公害生产环境条件要求。要合理规划，科学建园。

（一）小区规划

小区是花椒园中的基本单位，其大小因地形、地势、自然条件不同而不同。山地诸因子复杂、变化大，小区面积一般为 1.3～2.0 hm^2（1 hm^2 = 15 亩 = 1 万 m^2），利于水土保持和管理。丘陵区 2～3 hm^2，形状采用 2∶1，或 5∶2，或 5∶3的长方形，以利耕作和管理，但长边要与等高线走向平行，并与等高线弯度相适应，以减少土壤冲刷。

（二）园内道路和排灌系统

为花椒园管理、运输和排灌方便，应根据需要设置宽度不同的道路，道路分主路、支路和小路三级。排灌系统包括干渠、支渠和园内灌水沟。道路和排灌系统的设计要合理，并与防护林带相互配合，原则是既方便得到最大利用率，又最经济地占用园地面积，节约利用土地。坡地花椒园的灌水渠道应与等高线一致，最好采用半填半挖式，可以排灌兼用，也可单独设排水沟。一般在花椒园的上部设 0.6～1.0 m 宽深适度的拦水沟，直通自然沟，拦排山上下泄的洪水。

二、花椒园地准备和改良

建园栽树前要特别重视园地加工改造，尤其山地丘陵要搞好水土保持措施，为花椒树创造一个适宜生长和方便管理的环境。先改土后栽树是栽好花椒树，提早进入丰产期，获得持续高产、稳产、优质果实的基础。

（一）丘陵山地的修建

1. 等高梯地的修建

在坡度为5°~25°地带建园栽植花椒树时，宜修筑等高梯地。其优点是变坡地为平台地，减弱地表径流，可有效地控制水土流失，为耕作、施肥、排灌提供方便，同时梯地内能有效地加深土层，提高土壤水肥保持能力，使花椒树根系发育良好，树体健壮生长。

等高梯地的结构由梯壁、边埂、梯地田面、内沟等构成。梯壁可分为石壁式和土壁式。以石块为材料砌筑的梯壁多砌成直壁式，或梯壁稍向内倾斜与地面呈75°角，即外撅嘴、里流水（见图3-1）。

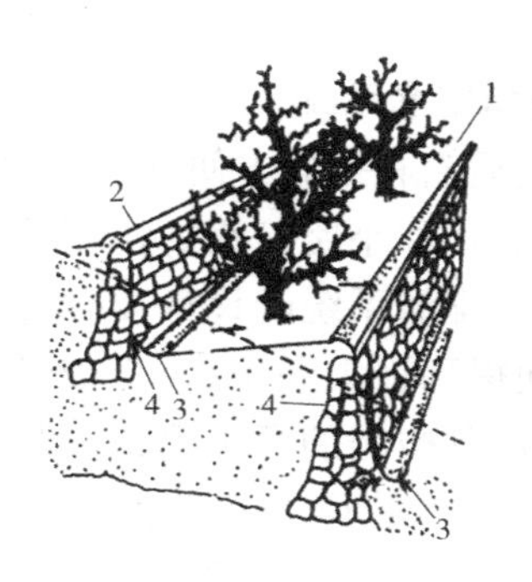

1—梯地田面；2—边埂；3—排水沟；4—梯壁

图3-1　石壁式梯地结构断面示意图

以黏土为材料砌筑的梯壁多采用斜壁式，保持梯壁坡度50°~

65°,土壁表面要植草护坡,防水冲刷(见图3-2)。

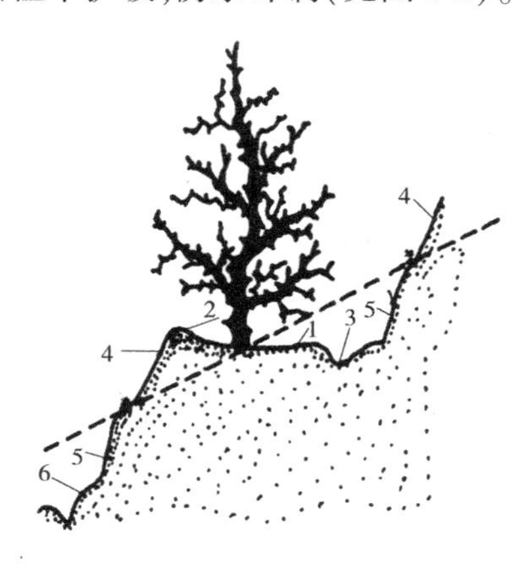

1—梯地田面;2—边埂;3—排水沟;4—垒壁;5—削壁;6—护坡

图3-2　土壁式梯地结构断面示意图

修建梯地前,应先进行等高测量,根据等高线垒砌梯壁,要求壁基牢固,壁高适宜。一般壁基深1 m、厚50 cm,垒壁的位置要充分考虑坡度、梯田宽度、壁高等因素,以梯田面积最大、最省工,填挖土量最小为原则。施工前,应在垒壁与削壁之间留一壁间,垒砌梯壁与坡上方取土填于下方并夯实同步进行,即边垒壁边挖填土,直至完成计划田面,并于田面内沿挖修较浅的排水沟(内沟),将挖出的土运至外沿筑成边埂。边埂宽40~50 cm,高10~15 cm(见图3-2)。花椒树栽于田面外侧的1/3处,既有利于花椒树根系生长,又有利于主枝伸展和通风透光。梯地田面的宽窄应以具体条件如坡度大小、施工难易、土壤的层次肥性破坏程度(破坏程度越小,土层熟土层越易保存,越有利花椒树生长)等而定。

2. 鱼鳞坑(单株梯田)

在陡坡或土壤中乱石较多,又不宜修筑梯田的山坡上栽植花椒树,可采取修筑鱼鳞坑的形式。方法是:按等高线以株距为间隔距离定出栽植点,并以此栽植点为中心,由上部取土,修成外高内低的半月形土台,土台外缘以石块或草皮堆砌,拦蓄水土,坑内栽植花椒树。修建时要依据坡度大小、土层厚薄,因地制宜,最好是大鱼鳞坑,外运好土栽花椒树。目前生产上推广应用的翼式鱼鳞坑由于两侧加了两翼,能充分利用天然降水,提高径流利用率,是山区、丘陵区整地植树的好方法。一般翼式鱼鳞坑长 1 m,中央宽 1 m,深 0.7 m,两翼各 1 m(见图 3-3)。

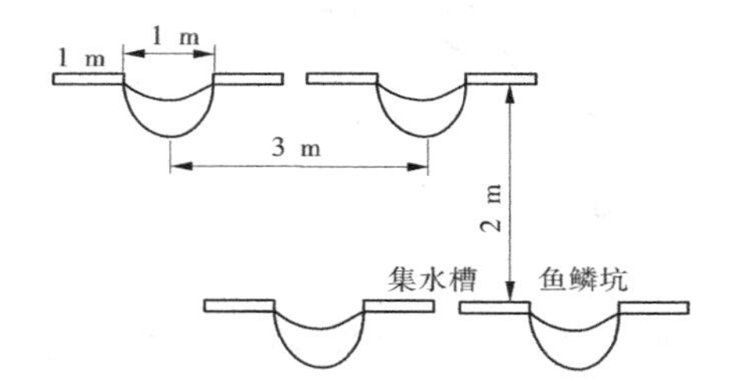

图 3-3　翼式鱼鳞坑与坡地设置示意图

3. 等高撩壕

等高撩壕是在缓坡地带采用的一种简易水土保持措施栽植花椒树的方式。做法是:按等高线挖成横向浅沟,下沿堆土成壕,花椒树栽于壕外侧偏上部。由于壕土较厚,沟旁水分条件较好,有利于花椒树的生长。

撩壕有削弱地表径流、蓄水保土、增加坡面利用率的功能,适于缓坡地带,一般坡度越大,壕距则越小,如 5°坡壕距可为 10 m,10°坡壕距则为 5~6 m。撩壕可分年完成,也可一年完成。一般以先撩壕、后栽树为宜,必要时也可先栽树、后撩壕,但注意不要栽植过深,以免撩壕后埋土过深影响花椒树生长。

撩壕应随着等高线走向进行,比降可采用(1~3)/3 000,以利于排水。一般撩壕宽 50~100 cm、深 30~40 cm,壕底每隔一定距离做一小坝(称小坝壕或竹节壕)以蓄水保土。

水少时可全部在壕内,水多漫溢小坝,顺壕缓流,减少径流(见图3-4)。

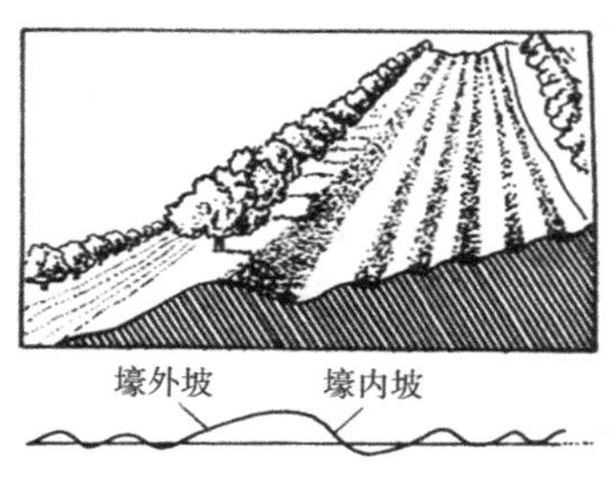

图3-4　等高撩壕断面示意图

(二)园地改良

新建花椒园,特别是丘陵、山地花椒园,通过深耕熟化改良土壤,加深土层,改善土壤结构和理化性能,为花椒树根系生长发育创造适宜环境非常重要。

生土熟化的主要措施是深翻与施肥。深翻可以使表土与心土交换位置,加深和改良耕作层,增加土壤空隙度,提高持水量,促进花椒树根系发育良好。熟化生土的肥料最好是用腐熟的有机肥和新鲜的绿肥,每亩2 500~5 000 kg为宜。可集中施于定植穴附近使土壤先行熟化,以后再逐年扩大熟化的范围。如能在坡改梯田之后、定植花椒树之前种植两季绿肥,结合深耕翻入土壤之中,则更为理想。深耕结合增施有机肥料可以加速土壤的熟化和改良,有利提高定植成活率和促进花椒树的生长发育,对提前结果和后期丰产作用很大。

三、花椒树栽植

(一)栽植时期

花椒苗木栽植主要为秋植和春植。

秋植,多在11月下旬至12月中旬落叶后,也有在落叶前的

9~10月带叶栽植的。在不太寒冷的地方，秋植成活率高，但冬季一定要做好防寒保护，主要分直立埋干法和匍匐埋干法。埋干高度：直立埋干法为苗高的2/3，匍匐埋干法以埋严枝干为宜。埋土时间应在当地早寒流到来之前，一般在落叶后期的11月中下旬。翌年3月上旬及时清土以防捂芽。另可采用涂白或绑草的办法防冻。落叶后的秋植时间要尽量提前。

春植，黄淮地区多在3月上中旬至4月中旬，一般以土壤解冻后、树苗萌芽前，愈早愈好。

（二）品种选择

花椒异花、自花都可完成授粉结实，一般不需配置授粉品种。但面积较大的花椒园，应考虑不同成熟期品种的搭配，避免品种单一，成熟时间集中，难以适时采收，影响果实品质。各品种成熟的先后顺序为小红椒、白沙椒、大红袍、秦安1号、大红椒、豆椒，前后两个品种成熟期间隔10 d左右。

建园时，品种选择主要考虑其适应性，而品种配置则考虑其成熟期。

（三）苗木准备

栽植前应对苗木进行检查和质量分级。将弱小苗、畸形苗、伤口过多苗、病虫苗、根系不好苗、质量太差苗剔除，另行处理。要求入选苗木粗壮，芽饱满，皮色正常，具有一定的高度，根系完整，分等级栽植。当地育苗当地栽植的，随起苗随栽植最好。远地购入苗木不能及时栽植的要做临时性的假植。对失水苗木应浸根一昼夜，充分吸水后再行栽植或假植。

花椒苗木的栽植，分带干栽和平茬苗栽。平茬苗应留干5~10 cm栽植，由于截掉枝干，减少了蒸腾，成活率提高，可达98%以上；相比，同样条件下带干栽成活率低于平茬苗栽。平茬苗栽的准备，随起苗随定植的，提前起苗假植的，或长途运输的都可在起苗后立即进行。

（四）栽植密度

花椒栽植密度应根据花椒品种、立地条件及经营形式而定。大红袍花椒树体高大，密度宜小；小红袍花椒树体较小，密度宜大；立地条件差的地块，密度相对宜大。采用密植丰产园的集约经营形式及营造篱笆，密度则应更大。

一般梯田埂边和其他农田埂边栽植，可顺地埂栽一行，株距以2.5～3.0 m为宜；丰产园以每亩50～80株为宜，株行距采用2.5 m×4.0 m、3.0 m×4.0 m、2.5 m×3.5 m或3.0 m×3.5 m；密植丰产园每亩栽200～300株，株行距采用1.5 m×2.0 m、1.5 m×1.5 m等，树冠郁闭后逐年隔株隔行间伐，最后亩保留56～74株；营造篱笆行距30～40 cm，株距30 cm左右，可栽成两行或三行，呈三角形配置。

（五）栽植方法

栽植时实行“三封两踩一提苗”的方法。即表土拌入充分腐熟的农家肥并混入少量磷肥，取一半填入坑内，培成丘状，将苗放入坑内，使根系均匀分布在土丘上；然后将另一半掺肥表土培于根系附近，轻提一下苗后，踩实使根系与土粒密接；上部用心土拌入肥料继续填入，并再次踩实；填土接近地表时，使根茎高于地面5 cm左右，在苗木四周培土埂做成水盘。栽好后立即充分灌水，待水渗下后，苗木自然随土下沉，然后覆土保湿。最后要求苗木根茎与地面相齐，埋土过深或过浅都不利于花椒树的成活生长。

（六）栽后管理

1. 水的管理

定植后提高成活率水分是关键，定植后无论土壤墒情好坏，都必须浇透水。此后因春季干旱少雨，必须勤浇水，经常保持土壤湿润。栽后在树干周围铺农用薄膜，既可保湿又可增温，是提高成活率的有效措施。

2. 肥料管理

定植当年，以提高成活率为主要目的，施肥可随机进行。如果定植前树穴内施入足量农家肥，可不追肥；如果定植时树穴内没施或施肥量较小，成活后于 7 月适量少施速效氮磷肥，或施用肥效较快的人畜粪肥。

3. 树干春天干枯不要早拔

花椒萌蘖力较强。若秋天栽植的花椒防冻工作没做好，到了春天萌芽期，有的新植花椒地上部分往往干枯，不要忙着拔掉，应及时灌水，因其根系及根茎仍活着，随春季气温回升，直至 6 月上旬根茎部仍会有萌芽抽出。

第四章　花椒园地管理

一、花椒园地土壤管理

土壤管理实际是对花椒树地下部分管理，其目的是创造适宜于花椒树根系生长的良好环境。合理的土壤管理制度，能够改良土壤的理化性，防止杂草蔓生，补偿水分的不足，促进微生物活动，从而提高肥力，供给花椒树生长、发育所必需的营养。花椒树生长的强弱、产量的高低和果实品质的优劣，在很大程度上取决于地下部分土壤管理的好坏或是否得当。

（一）逐年扩穴和深翻改土

土壤，是花椒树生长的基础，根系吸收营养物质和水分都是通过土壤来进行的。土层的厚薄、土壤质地的好坏和肥力的高低，都直接影响着花椒树的生长发育，因此重视土壤改良，创造一个深、松、肥的土壤环境，是早果、丰产、稳产和优质的基本条件。

1. 扩穴

在幼树定植后几年内，随着树冠的扩大和根系的延伸，在定植穴花椒树根际外围进行深耕扩穴，挖深 20～30 cm、宽 40 cm 的环形深翻带；树冠下根群区内，也要适度深翻、熟化。

2. 深翻

成年花椒园一般土壤坚实板结，根系已布满全园，为避免伤断大根及伤根过多，可在树冠外围进行条沟状或放射状沟深耕，也可采用隔株或隔行深耕，分年进行。

扩穴和深翻时间一般在落叶后、封冻前结合施基肥进行。其作用：第一，改善土壤理化性，提高其肥力；第二，翻出越冬害虫，以便被鸟类食掉或在空气中冻死，降低害虫越冬基数，减轻翌年危害；第三，铲除浮根，促使根系下扎，提高植株的抗逆能力。

（二）花椒园间作及除草

1. 花椒园间作

幼龄花椒园株行间空隙地多，合理间种作物可以提高土地利用率，增加收益，以园养园。成年园种植覆盖作物或种植绿肥也属花椒园间作，但目的在于增加土壤有机质，提高土壤肥力。

花椒园间作的根本出发点，即在考虑提高土地利用率的同时，要注意有利于花椒树的生长和早期丰产，且有利于提高土壤肥力。切莫“喧宾夺主”，只顾间作，不顾花椒树的死活。

花椒园可间种蔬菜、花生、豆科作物、薯类、禾谷类、中药材、绿肥、花卉育苗等低秆作物。

花椒园不可间种高粱、玉米等高秆作物，以及瓜类或其他藤本等攀缘植物；同时间种的作物不能有与花椒树相同的病虫害或中间寄主。长期连作易造成某种作物病原菌在土壤中积存过多，对花椒树和间种作物生长发育均为不利，故宜实行轮作和换茬。

总之，因地制宜地选择优良间种作物和加强椒、粮的管理，是获得椒、粮双丰收的重要条件之一。山地、丘陵、黄土坡地等土壤瘠薄的花椒园，可间作耐旱、耐瘠薄等适应性强的作物，如谷子、麦类、豆类、薯类、绿肥作物等。间作形式一年一茬或一年两茬均可。为缓和间种作物与花椒树的肥水矛盾，树行上应留出 1 m 宽不间作的营养带。

2. 中耕除草

中耕除草是花椒园管理中一项经常性的工作。目的在于防止和减少在花椒树生长期间，杂草与花椒树竞争养分与水分，同时减少土壤水分蒸发，疏松土壤，改善土壤通气状况，促进土壤微生物活动，有利于难溶状态养分的分解，提高土壤肥力。在雨后或灌水后进行中耕，可防止土壤板结，增强蓄水、保水能力。因而在生长期要做到“有草必锄,雨后必锄,灌水后必锄”。

中耕除草的次数应根据气候、土壤和杂草多少而定,一般全年可进行4~8次,间种作物的,结合间种作物的管理进行。中耕深度以6~10 cm为宜,以除去杂草、切断土壤毛细管为度。树盘内的土壤应经常保持疏松无草状态,但可进行覆盖。树盘土壤只宜浅耕,过深易伤根系,对花椒树生长不利。

3. 除草剂的利用

可根据花椒园杂草种类使用除草剂,以消灭杂草。

化学除草剂的种类很多,性能各异,根据其对植物作用的方式,可分为灭生性除草剂和选择性除草剂。灭生性除草剂对所有植物都有毒性,如五氯酚钠、百草枯等,花椒园禁用。选择性除草剂是在一定剂量范围内,对一定类型或种属的植物有毒性,而对另一些类型或种属的植物无毒性或毒性很低,如扑草净、利谷隆、茅草枯等。所以,使用除草剂前,必须了解除草剂的效能、使用方法,并根据花椒园杂草种类对除草剂的敏感程度及忍耐性等决定使用除草剂的种类、浓度和用药量。

无公害花椒园禁止使用除草醚和草枯醚,这两种除草剂毒性残效期长,有残留。

(三)园地覆盖

园地覆盖的方法有覆盖地膜、覆草、绿肥掩青、培土等。其作用为改良土壤、增加土壤有机质;减少土壤水分蒸发,防止冲刷和风蚀,保墒防旱;提高地温,缩小土壤温度变化幅度,有利于花椒树根系生长,抑制杂草滋生及减少裂果等多重效应。

1. 树盘覆膜

早春土壤解冻后灌水,然后覆膜,以促进地下根系及早活动。其操作方法为:以树干为中心做成内低外高的漏斗状,要求土面平整;覆盖普通的农用薄膜,使膜土密接,中间留一孔,并用土将孔盖住,以便渗水;最后将薄膜四周用土埋住,以防被风刮掉。树盘覆盖大小与树冠径相同。

覆盖地膜能减少土壤水分散失，提高土壤含水率和土壤温度，使花椒树地下活动提早，相应的地上活动也提早。特别在干旱地区，其对树体生长的影响效果更显著。

2. 园地覆草

在春季花椒树发芽前，要求树下浅耕一次，然后覆草 10～15 cm 厚。低龄树因考虑作物间作，一般采用树盘覆草；而对成龄花椒园，已不适宜间种作物，此时由于树体增大，坐果量增加，耗损大量养分，需要培肥地力，故一般采用全园覆盖，以后每年续铺，保持覆草厚度。适宜作覆盖材料的种类很多，如厩肥、落叶、作物秸秆、锯末、杂草、河泥，或其他土杂肥混合而成的熟性肥料等。原则是：就地取材，因地而异。

花椒园连年覆草有多重效应。一是覆盖物腐烂后，表层腐殖质增厚，土壤有机质含量及速效氮、速效磷量增加，明显地培肥了土壤；二是平衡土壤含水量，增加土壤持水功能，防止径流，减少蒸发，保墒抗旱；三是调节土壤温度，4 月中旬 0～20 cm 土壤温度，覆草比不覆草平均低 0.5 ℃左右，而冬季最冷月 1 月平均高 0.6 ℃左右，夏季有利于根系正常生长，冬春季可延长根系活动时间；四是增加根量，促进树势健壮。其覆草的最终效应是花椒树产量的提高。

花椒园覆草效应明显，但要注意防治鼠害。老鼠主要危害花椒根系。据调查，遭鼠害严重的有 4 种花椒园，即杂草丛生荒芜花椒园；坟地花椒园；冬春季窝棚、不住人房屋周围的花椒园；地势较高花椒园。其防治办法有：消灭草荒，树干周围 0.5 m 范围内不覆草，撒鼠药毒害，保护天敌蛇、猫头鹰等。

3. 种植绿肥

成龄花椒园的行间，一般不宜再间种作物。如果长期采用"清耕法"管理，即耕后休闲，土壤有机质含量将逐渐减少，肥力下降,同时土壤易受冲刷,不利花椒园水土保持。花椒园间种绿肥,具有增加土壤有机质,促进微生物活动,改善土壤结构,提高土壤肥力的功效,并达到以园养园的目的。

4. 培土

对山地、丘陵等土壤瘠薄的花椒园,培土增厚了土层,防止根系裸露,提高了土壤的保水、保肥和抗旱性,增加了供树体生长所需养分。

花椒树在我国黄河流域及以北地区,个别年份地上部易受冻害,培土可提高树体的抗寒能力,降低冻害危害。培土一般在落叶后结合冬剪、土肥管理进行,培土高度因地而异,一般在 30~80 cm。春暖时要及时清除培土。

二、花椒园地施肥

(一)无公害花椒生产允许使用的肥料种类和性质

1. 农家肥

凡属动物性和植物性的有机物统称为有机肥料,即农家肥。如腐植酸类肥料、人畜粪尿、饼肥、厩肥、堆肥、垃圾、杂草、绿肥、作物秸秆、枯叶,以及骨粉,屠宰场、糖厂的下脚料等。有机肥养分全面,不但含有花椒树生长发育必需的氮、磷、钾等大量元素,而且还含有微生物群落和大量有机物及其降解产物,如维生素、生物物质,以及多种营养成分和微量元素。大多数有机肥料都是通过微生物的缓慢分解作用释放养分,所以在整个生长期均可以持续不断地发挥肥效,来满足花椒不同生长发育阶段和不同器官对养分的需求。农家肥是较长时期供给花椒树多种养分的基础肥料,所以又称为“完全肥料”,常作基肥施用。

长期施用有机肥料,能够提高土壤的缓冲性和持水性,增加土壤团粒结构,促进微生物活动,改善土壤理化性质,提高土壤肥力。花椒树施用有机肥很少发生缺素症,而且只要施用腐熟的有机肥和施用方法得当，花椒园很少发生某种营养元素过量的危害。

在应用有机肥料时，一定注意应用腐熟的肥料。无论选用何种原料配的有机肥，均需经高温（50 ℃以上）发酵 7 d 以上，消灭病菌、虫卵、杂草种子，去除有害的有机酸和有害气体，使之达到无害化标准。如用沼气发酵，密封贮存期应在 30 d 以上。未经腐熟就施用，有伤根的危险，并且易生虫害，对根系不利。如果施用未腐熟的秸秆、垃圾、绿肥等，应加施少量的氮肥，如清粪水或尿素等促进腐熟分解。

2. 绿肥

凡是以植物的绿色部分耕翻入土中当作绿色肥料使用的均称绿肥。花椒园利用行间空地栽培绿肥，或利用园外野生植物的鲜嫩茎叶做肥料，是解决花椒园有机肥料不足、节约投资、培肥花椒园土壤肥力、进行无公害栽培的重要措施。

绿肥作物多数都具有根系强大、生长迅速、绿色体积大和适应性强等特点，其茎、叶含有丰富的有机质，在新鲜的绿肥中有机质含量为 10%～15%。豆科绿肥作物含有氮、磷、钾等多种营养元素，尤以氮素含量更丰富，其全氮含量、全钾含量高于或相当于人粪尿；其根系中的根瘤菌可有效地吸收和固定土壤和空气中的氮素；而根系分泌的有机酸，可使土壤中的难溶性养分分解而被吸收；同时根系发达，深可达 1～2 m，甚至 2～4 m 以上，可有效地吸收深层养分。花椒园种植绿肥，因植株覆盖地面有调节温度、减少蒸发、防风固沙、保持水土等多重效应。

绿肥作物种类很多，要因地、因时合理选择。秋播绿肥有苕子、豌豆、蚕豆、紫云英、黄花苜蓿等。春夏绿肥可种印度豇豆、爬豆、绿豆、田菁、柽麻等，田菁、柽麻因茎秆较高，一年至少刈割两次。沙地可种沙打旺等，盐碱地可种苕子、草木樨等。

我国花椒园常见的几种绿肥作物见表 4-1。

表 4-1　花椒园主要间作绿肥作物及适种区域

品种	播种量（kg/亩）	播期	刈割压青期	产草量（kg/亩）	养分含量（%）			适种区域
					N	P_2O_5	K_2O	
苕子	3~4	8月下旬至9月上旬	4月中下旬	4 000~5 000	0.52	0.11	0.35	秦岭、淮河以北盐碱地外
紫云英	1.5~2	8月下旬至9月上旬	4月中下旬	3 000~4 000	0.33	0.08	0.23	黄河以南盐碱地外
草木樨	1.5~2	8月下旬至9月上旬	4月下旬	3 000~4 000	0.48	0.13	0.44	华南以外，全国大部分非涝区
紫穗槐	2~2.5	春、夏、秋	年割2~3次	2 000~3 000	1.32	0.36	0.79	华南以外，全国大部园外“四旁”栽植
田菁	3~5	春、夏	6月中旬至9月上旬	2 000~3 000	0.52	0.07	0.15	全国
柽麻	3~4	春、夏	播后50 d，年割2~3次	2 000~3 000	0.78	0.15	0.30	长城以南广大非严寒区
绿豆	2~3	4月中旬至6月中旬	8月中下旬	1 000~2 000	0.60	0.12	0.58	全国
豌豆	4~5	9月中下旬	5月上旬	1 000~2 000	0.51	0.15	0.52	华南、华北外的广大地区

绿肥利用方法:一是直接翻压在树冠下,翻压后灌水以利腐烂,适用低秆绿肥。二是刈割后易地堆沤,待腐烂后取出施于树下,一般适于高秆绿肥,如柽麻等。

3. 化学肥料

化学肥料为无机肥料,又称矿质肥料,简称化肥。具有多种类型,一类是由一种元素构成的单元素化肥,如尿素;另一类是由两种以上元素构成的复合化肥,如磷酸二氢钾等。

化肥的突出优点是:养分元素明确,含量高,施用方便,好保存,分解快,易被吸收,肥效快而高,可以及时补充花椒树所需的营养。

化肥也有明显的缺点:长期单独施用,或用量过多,易改变土壤的酸碱度,并破坏其结构,易使土壤板结,土壤结构和理化性质变劣,土壤的水、肥、气、热不协调。施用不当,易导致缺素症发生。过量施用,易导致肥害,或被土壤固定或发生流失,造成浪费。

所以,要求花椒园的施肥制度要以有机肥为主,化肥为辅,化肥与有机肥相结合,土壤施肥与叶面喷肥相结合,相互取长补短。使用时要掌握用量,撒施均匀。减少单施化肥给土壤带来的不良影响。

(二)施肥时期

1. 基肥

基肥的施用时期,分为秋施和春施。春施时间在解冻后到萌芽前。秋施在花椒树落叶前后,即秋末冬初结合秋耕或深翻施入。以秋施效果最好,因此时根系尚未停止生长,断根后易愈合并能产生大量新根,增强了根系的吸收能力,所施肥料可以尽早发挥作用;地上部生长基本停止,有机营养消耗少,积累多,能提高树体贮藏营养水平,增强抗寒能力,有利于树体的安全越冬;能促进翌年春新梢的前期生长,提高坐果率;花椒树施基肥工作量较大,秋施相对是农闲季节,便于进行。

2. 追肥

在施基肥的基础上，为了保证当年丰产和为来年丰产奠定基础，还需根据花椒各物候期的需肥特点，补施速效性肥料。

（1）追肥时间。追肥在一个生长期内不得少于两次。第一次在花蕾膨大到开花期，以促进树体营养生长和提高坐果率。第二次在花椒成熟前一个月施，以提高果实品质，保障来年丰产。

（2）肥种及施肥量。追肥以速效性的氮、磷、钾化肥为主，如尿素、硝酸铵、硫酸铵等氮肥，过磷酸钙、磷酸二氢钾、磷酸铵等磷肥，或钾、磷、氮复合肥，氯化钾、硫酸钾等钾肥。

花蕾膨大到开花期的第一次追肥以氮肥为主，氮、磷结合。花椒成熟前的一个月施肥，以氮、磷肥为主，结合施钾肥。

追肥的施肥量应依据花椒树的长势、大小及土壤肥力状况来确定。一般中等肥力的土壤，其施肥量可参考表4-2。

表4-2　花椒不同时期追肥量　（单位：kg/株）

施肥时间	肥种	幼树	中壮龄树	老弱树
花蕾膨大到开花期	氮肥	0.20~0.30	0.30~0.50	0.40~0.60
	磷肥	0.20~0.30	0.30~0.75	0.60~1.00
花椒成熟前一个月	氮肥	0.10~0.20	0.15~0.25	0.20~0.30
	磷肥	0.30~0.50	0.50~1.00	0.50~1.20
	钾肥	0.20~0.30	0.30~0.50	0.40~0.60

（3）追肥方法。追肥分埋施和叶面喷施。

埋施方法简单易行。选择雨前或于灌溉前施入，以利花椒树吸收和防止“烧树”。具体方法：在树冠垂直投影外缘地面等距离挖穴6~8个，氮、钾肥由于移动性大，穴宜浅，一般穴深10 cm；磷肥移动性小，穴宜深，一般穴深15 cm。穴挖好后，将肥料均匀撒入各穴内覆土。若同时施两种以上肥料，最好分别挖穴，分别间隔埋施，勿混施，以防肥料之间发生化学反应，而降低肥效。

（三）施肥量

花椒树一生中需肥情况，因树龄的增长、结果量的增加及环境条件变化等而不同。正确地确定施肥量，是依据树体生长结果的需肥量、土壤养分供给能力、肥料利用率三者来计算的。

土壤中一般都含有花椒树需要的营养元素，但因其肥力不同供给树体可吸收的营养量有很大差别。一般山地、丘陵、沙地花椒园土壤瘠薄，施肥量宜大；土壤肥沃的平地花椒园，养分含量较为丰富，可释放潜力大，施肥量可适当减少。

施入土壤中的肥料由于土壤固定、侵蚀、流失、地下渗漏或挥发等，不能被完全吸收。肥料利用率一般氮为50%，磷为30%，钾为40%。现将各种有机肥料、无机肥料的主要养分列于表4-3、表4-4，以供计算施肥量时参考。

表4-3　花椒园适用有机肥料的种类、成分　　（%）

肥类	水分	有机质	氮(N)	磷(P)	钾(K)
人粪尿	80以上	5.00~10.00	0.50~0.80	0.20~0.40	0.20~0.30
猪厩粪	72.40	25.00	0.45	0.19	0.60
牛厩粪	77.40	20.30	0.34	0.16	0.40
马厩粪	71.30	25.40	0.58	0.28	0.53
羊圈粪	64.60	31.80	0.83	0.23	0.67
鸽粪	51.00	30.80	1.76	1.73	1.00
鸡粪	56.00	25.50	1.63	1.54	0.85
鸭粪	56.60	26.20	1.00	1.40	0.62
鹅粪	77.10	13.40	0.55	0.54	0.95
蚕粪	—	—	2.64	0.89	3.14

续表 4-3

肥类	水分	有机质	氮(N)	磷(P)	钾(K)
大豆饼	—	—	7.00	1.32	2.13
芝麻饼	—	—	5.80	3.00	1.33
棉籽饼	—	—	3.41	1.63	0.97
油菜饼	—	—	4.60	2.48	1.40
花生饼	—	—	6.32	1.17	1.34
茶籽饼	—	—	1.11	0.37	1.23
桐籽饼	—	—	3.60	1.30	1.30
玉米秸	—	—	0.60	1.40	0.90
麦秸	—	—	0.50	0.20	0.60
稻草	—	—	0.51	0.12	2.70
高粱秸	—	79.60	1.25	0.15	1.18
花生秸	—	88.60	1.82	0.16	1.09
堆肥	60.00~75.00	12.00~25.00	0.40~0.50	0.18~0.26	0.45~0.70
泥肥	—	2.45~9.37	0.20~0.44	0.16~0.56	0.56~1.83
墙土	—	—	0.19~0.28	0.33~0.45	0.76~0.81
鱼杂	—	69.84	7.36	5.34	0.52

表 4-4　花椒园适用无机肥料的种类、成分　（%）

肥类	肥项	含量	酸碱性	施用要点
氮肥（N）	硫酸铵	20～21	弱碱	基肥、追肥、沟施
	硝酸铵	34～35	弱碱	基肥、追肥、沟施
	尿素	45～46	中性	基肥、追肥、沟施、叶面施
磷肥（P_2O_5）	过磷酸钙	12～18	弱酸	基肥、追肥、沟施、叶面施
	重过磷酸钙	36～52	弱酸	基肥、追肥、沟施
	钙镁磷	14～18	弱碱	基肥、沟施
	骨粉	22～33	—	与有机肥堆沤后作基肥适于酸性土壤
钾肥（K_2O）	硫酸钾	48～52	生理酸性	基肥、追肥、沟施
	氯化钾	56～60	生理酸性	基肥、追肥、沟施
	草木灰	5～10	弱碱	基肥、追肥、沟施、叶面施
复合肥（N-P-K）	硝酸磷	20-20-0	—	追肥、沟施
	磷酸二氢钾	0-52-34	—	叶面施
	硝酸钾	13-0-46	—	追肥、沟施、叶面施

不同的肥料种类，肥效发挥的速度不一样，有机肥肥效释放得慢，一般施后的有效期可持续 2～3 年，故可实行 2～3 年间隔使用有机肥，或在树行间隔行轮换施肥。无机肥，养分含量高，可在短期内迅速供给植物吸收。有机肥料、无机肥料要合理搭配。

花椒园施肥还受树龄、树势、地势、土质、耕作技术、气候情况等方面的影响。据各地丰产经验，施肥量依树体大小而定，随着树龄增大而增加。一般中等肥力的园地，2～5 年生树，株施农家肥 10～15 kg、磷肥 0.3～0.5 kg、硫酸铵 0.2～0.3 kg；6～8 年生树，株施农家肥 15~25 kg、磷肥 0.5~0.8 kg、硫酸铵 0.5~1.0 kg;9 年生以上盛果树,株施农家肥 25~50 kg、磷肥 0.8~1.5 kg、硫酸铵 1.0~1.3 kg。其中基肥用量占 80%~90%,追施用量占 10%~20%。根外追肥用量很少,可以不计算在内。

(四)施肥方法

可分为土壤施肥和根外(叶面)追肥两种形式,以土壤施肥为主,根外追肥为辅。

1. 土壤施肥

土壤施肥是将肥料施于花椒树根际,以利于吸收。施肥效果与施肥方法有密切关系,应根据地形、地势、土壤质地、肥料种类,特别是根系分布情况而定。花椒树的水平根群一般集中分布于树冠投影的外围,因此,施肥的深度与广度应随树龄的增大由内及外、由浅及深逐年变化。常用的施肥方法如图 4-1 所示。

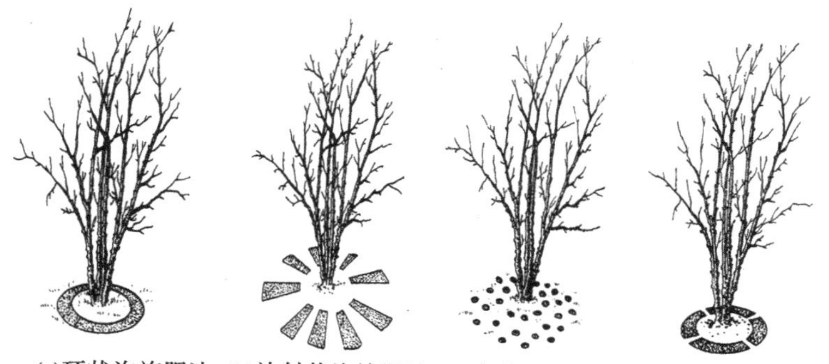

图 4-1　几种常用的施肥方法示意图

(1)环状沟施肥法。此法适于平地花椒园,在树冠垂直投影外围挖宽 50 cm 左右,深 25~40 cm 的环状沟,将肥料与表土混匀后施入沟内覆土。此法多用于幼树,有操作简便、经济用肥等特点,但挖沟易切断水平根,且施肥范围较小。

(2)放射状沟施肥法。在树冠下面距离主干 1 m 左右的地方开始以主干为中心,向外呈放射状挖 4~8 条至树冠投影外缘的沟,沟宽 30~50 cm、深 15~30 cm,肥土混匀施入。此法适于盛果期树和结果树生长季节内追肥采用。开沟时顺水平根生长的方向开挖,伤根少,但挖沟时要躲开大根。可隔年或隔次更换放射沟位置,扩大施肥面,促进根系吸收。

(3)穴状施肥法。在树冠投影下,自树干 1 m 以外挖施肥穴施肥。有的地区用特制施肥锥,使用很方便。此法多在结果树生长期追肥时采用。

(4)条沟状施肥法。结合花椒园秋季耕翻,在行间或株间或隔行开沟施肥,沟宽、深、施肥法同环状沟施肥法。翌年施肥沟移到另外两侧。此法多用于幼园深翻和宽行密植园的秋季施肥时采用。

(5)全园施肥法。成年树或密植花椒园,根系已布满全园时采用。先将肥料均匀撒布全园,再翻入土中,深约 20 cm。优点是全园撒施面积大,根系都可均匀地吸收到养分。但因施得浅,长期使用,易导致根系上浮,降低抗逆性。如与放射状沟施肥法轮换使用,则可互补不足,发挥最大肥效。

(6)灌溉式施肥法。即灌水与施肥相结合,肥料分布均匀,既不伤根,又保护耕作层土壤结构,节省劳力,肥料利用率高。树冠密接的成年花椒园和密植花椒园及旱作区花椒园采用此法更为合适。

采用何种施肥方法,各地可结合花椒园具体情况加以选用。采用环状沟、穴状、条沟状、放射状沟施肥时,应注意每年轮换施肥部位,以便根系发育均匀。

2. 根外(叶面)追肥

根外(叶面)追肥即将一定浓度的肥料液均匀地喷布于花椒叶片上,一可增加树体营养、提高产量和改进果实品质,一般可提高坐果率2.5%~4.0%,果重提高1.5%~3.5%,产量提高5%~10%;二可及时补充一些缺素症对微量元素的需求。叶面施肥的优点表现在吸收快、反应快、见效明显,一般喷后15 min至2 h可吸收,10~15 d叶片对肥料元素反应明显,可避免许多微量元素施入土壤后易被土壤固定、降低肥效的可能。

叶面施肥喷洒后25~30 d叶片对肥料元素的反应逐渐消失,因此只能是土壤施肥的补充,花椒树生长结果需要的大量养分还是要靠土壤施肥来满足。

叶面施肥主要是通过叶片上气孔和角质层进入叶片,而后运行到树体的各个器官。叶背较叶面气孔多,细胞间隙大,利于渗透和吸收。叶面施肥最适温度为18~25 ℃,所以喷布时间于夏季最好是上午10时以前和下午4时以后。喷施时雾化要好,喷布均匀,特别要注意增加背面着肥量。

一般能溶于水的肥料均可用于根外追肥(见表4-5),根据施肥目的选用不同的肥料品种。叶面肥可结合药剂防治进行,但混合喷施时,必须注意不降低药效、肥效。如碱性农药石硫合剂、波尔多液不能与过磷酸钙、锰、铁、锌、钼等混合施用;而尿素可以与波尔多液、敌敌畏、辛硫磷、退菌特等农药混合施用。叶面喷施浓度要准确,防止造成药害、肥害。喷施时还可加入少量湿润剂,如肥皂液、洗衣粉、皂角油等,可使肥料和农药黏着叶面,提高吸肥和防治病虫害的效果。

表4-5　花椒叶面喷肥浓度及时期

肥料(激素)名称	水溶液浓度	喷施时期
尿素	0.3%	花期、果实膨大期
硝酸铵	0.2%	花期、果实膨大期
硫酸铵	0.2%	花期、果实膨大期
磷酸二氢钾	0.2%	花期、果实膨大期

续表 4-5

肥料(激素)名称	水溶液浓度	喷施时期
过磷酸钙	2.0%	花期、果实膨大期
氯化钾	0.3%	年生长后期
硫酸钾	0.5%	年生长后期
硼砂	0.2%	花期、果实膨大期
硼酸	0.3%	花期、果实膨大期
硫酸锌	1.5%	萌芽
多元液体肥	0.2%	生长期
防落素	0.2%	花期、采椒前1个月
赤霉素	10 mg/kg	花期
稀土	300 mg/kg	花期

三、花椒园地灌溉与排水

(一)灌溉

土壤水分对花椒生长和花芽分化有很大影响。山地栽植的花椒园,土壤水分主要来源于降水,但如果降水量偏少,往往影响花椒的优质、高产。因此,在降水不均匀,降水量小于 500 mm 的地区必须灌溉。在没有灌溉条件的地方要对花椒园进行地面覆盖。

1.灌溉时期

花椒一年中灌溉的关键时期是萌芽水、坐果水、果实膨大水、封冻水4个时期。在气温较高、土壤比较干旱的夏季,需视情况及时补充灌溉。

(1)萌芽水。为补充越冬期间的水分损耗,促进花椒树的萌芽和开花,在干旱地区萌芽前必须灌水。春季泛碱严重的地方,萌芽前灌水还可冲洗盐分。有霜冻的地方,萌芽前灌水能减轻霜冻危害。

(2)坐果水。花椒枝叶生长旺盛,开花坐果期对水分缺乏最敏感,应灌足坐果水,这对保证当年产量、品质和第二年的生长、结果具有重要作用。

(3)果实膨大水。为提高当年花椒产量,干旱少雨地区在果实膨大中后期,仍需灌水一次。7 月以后视降雨情况灌水。在夏季天热时应选择早晚灌水,不宜中午或下午灌水,否则会因土壤突然降温而导致根系吸水功能下降,造成花椒生理干旱而死亡,群众称之为"晕死"。多雨地区可不灌水,保持土壤水分以中午树叶不萎蔫,秋梢不旺长为宜,有利于营养物质的积累,促进花芽分化。

(4)封冻水。土壤封冻前结合施基肥耕翻管理进行。封冻前灌水可提高土壤温度,促进有机肥料腐烂分解,增加根系吸收和树体营养积累,提高树体抗寒性能,达到安全越冬的效果,保证花芽质量,为翌年丰产奠定良好基础。秋季雨水多,土壤墒情好时,冬灌可适当推迟或不灌,至翌年春萌芽水早灌。

2. *灌溉方法*

(1)行灌。在树行两侧,距树各 50 cm 左右修筑土埂,顺沟灌水。行较长时,可每隔一定距离打一横渠,分段灌溉。该法适于地势平坦的幼龄花椒园。

(2)分区灌溉。把花椒园划分成许多长方形或正方形的小区,纵横做成土埂,将各区分开,通常每一棵树单独成为一个小区。小区与田间主灌水渠相通。该法适于花椒树根系庞大,需水量较多的成龄花椒园,但极易造成全园土壤板结。

(3)树盘灌水。以树干为中心,在树冠投影以内的地面,以土作埂围成圆盘。稀植的平地花椒园、丘陵区坡台地及干旱坡地花椒园多采用此法。稀植的平地花椒园，树盘可与灌溉沟相通，水通过灌溉沟流入树盘内。

(4)穴灌。在树冠投影的外缘挖穴，将水灌入穴中。穴的数量依树冠大小而定，一般为 8～12 个，直径 30 cm 左右，穴深以不伤粗根为准，灌后覆土还原。干旱地区的灌水穴可不覆土而覆草。此法用水经济，浸湿根系范围的土壤较宽而均匀，不会引起土壤板结，在干旱地区尤为适用。

(5)环状沟灌。在树冠投影外缘修一条环状沟进行灌溉，沟深、宽均为 20～25 cm。适宜范围与树盘灌水相同，但更省水，尤适用于树冠较大的成龄花椒园。灌毕封土。

(6)水肥一体化。利用塑料管道或金属管道将水和水溶性肥料通过滴头送到树根部进行灌溉。

(二)覆盖保墒

干旱山地，除栽植前修筑水平梯田保持水土外，施行引集雨水和树盘覆盖是蓄水保墒、减少土壤水分散失的有效措施。一般在树盘下或树行内覆盖作物秸秆如麦草等覆盖物，有条件时覆盖地膜，效果更好。覆盖范围主要在树冠投影下，也可适当向外扩展。秸秆覆盖厚度为 10～20 cm。覆盖秸秆要干净，注意不能带有病菌、虫卵或杂草种子。管理上注意防火。秸秆腐烂后，应尽快翻入土壤，重新覆盖。

(三)排水

园地排水是在地表积水的情况下解决土壤中水、气矛盾，防涝保树的重要措施。短期内大量降水、连阴雨天都可能造成低洼花椒园积水，致使土壤水分过多，氧气不足，抑制根系呼吸，降低吸收能力，严重缺氧时引起根系死亡，在雨季应特别注意低洼易涝区要及时排水。

四、花椒花果促控

（一）落花落果的原因

在开花和果实发育过程中，落花落果现象较为严重。其原因主要有：一是树势弱营养不良，落花落果；二是不良环境条件，如低温冻害、长期干旱、病虫滋生、枝条过密、光照不足、雨水过多等，影响授粉受精；三是同一果序中，由于果实生长发育快慢不一，发育慢的果实营养缺乏而落果；四是病虫危害。

（二）提高坐果率的途径

1. 促花促果

（1）促进幼树成花。花椒幼树可以通过药剂刺激促进成花。试验表明，采用 1 500 mg/kg 比九加 800 mg/kg 乙烯利，对 4～5 年生已初具结果树冠的大红袍营养枝进行控梢、促花，其控制花椒树晚秋梢抽梢率达 95%以上，并显著地促进了适龄大红袍果枝成花。处理后的成花率达 48%～86%，未处理的植株几乎不能成花。

（2）防止成树落花。花椒成龄树一般 3 月下旬萌芽，4 月中旬现蕾，5 月上旬盛开，5 月中旬开始凋谢。此期间需要大量的养分供应，采用下列措施可以有效地提高坐果率：①在花椒盛花期叶面喷洒 10 mg/kg 赤霉素，或叶面喷施 0.5%的硼砂；②盛花期、终花期喷施 0.3%磷酸二氢钾加 0.5%尿素水溶液；③落花后每隔 10 d 喷施 0.3%磷酸二氢钾加 0.5%尿素水溶液，共喷 2～3 次。

2. 疏花疏果

进入盛果期中后期的花椒树，大量开花坐果，应适当进行花果调控。疏花疏果最佳时期是在 5 月上旬花序刚分离时。疏花疏果时应整花序摘除。疏花疏果量应根据结果枝新梢长度而定，一般若 5 cm 以上的结果枝占 50%以上，则应摘去花序的 1/5～1/4；若 5 cm 以上的结果枝占 50%以下，则应摘去花序的 1/4～1/3，以保证植株有良好的营养生长，为花芽的形成和果实的生长提供足够的营养。

疏花疏果操作时既要根据树体的长势考虑疏除量，又要考虑树冠内各主枝、侧枝和枝组间的长势平稳关系，确定不同长势枝上的疏除量。对强旺的主枝、侧枝和枝组不疏或少疏花序，让其多结果，缓和长势；对弱的主枝、侧枝和枝组应多疏花序，让其少结果，复壮长势。同一主枝或侧枝上，前部与后部长势差异较大时，其疏除量应有所不同。一般情况下，若为前强后弱，则前部不疏或少疏花序，后部多疏花序，让前部多结果以缓和长势，后部少结果以复壮长势；若为前弱后强，则采用相反的方法疏除花序。这样既可达到疏花疏果的目的，又能起到平衡枝势、树势的作用。

3. 加强综合管理，防止花椒落果

花椒落花落果的原因很多，应根据导致落花落果的主要原因，采取相应措施进行处理。一是及时防虫治病，减轻病虫对落花落果造成的影响；二是科学整形修剪，培养良好的树体结构；三是合理施肥、灌水，培养壮树，提高树体抵抗不良环境的能力；四是创造花椒良好的生长环境，提高树体抗逆能力。

4. 合理调节结实大小年

大小年即丰歉年。一般情况，果实成熟早的品种大小年现象不明显，成熟期晚的品种相对显著，其原因常是成熟期过后很快进入休眠期，树体难以积累足够的营养以满足来年开花坐果的需要，也难以发育出较多的饱满花芽。所以，在修剪时，歉收年适当少剪枝条，多留花穗，维持树势，争取来年高产；丰收年适当多剪枝条，少留花芽，加强后期管理，增加树体营养，逐步复壮树势，促其形成较多的饱满花芽，为歉收年丰产打好基础，变歉收年为丰产年。

选择结果习性良好的品种栽植才是根治大小年现象的有效办法。若已栽植的优良品种出现大小年现象，其原因可能是：管理措施跟不上，营养条件恶化，使丰年未能形成足够数量的花芽，大年后即出现小年；采摘果实时损伤了过多的果枝和花芽，导致第二年产量下降；修剪方式不当，疏去了过多的花枝等。管理上应分清原因，有针对性地解决问题。

五、花椒树体保护

（一）冻害及预防

冻害是影响花椒引种及北方产区花椒生产的主要问题，轻则枝、干冻伤，重则整株树、整园死亡，常造成毁灭性的灾害，给生产带来极大损失，因此北方花椒产区要特别重视冻害的发生及预防。

1. 引起花椒冻害的原因

（1）温度。低温是造成花椒冻害的主要原因。在冬季正常降温条件下，一年生苗-18 ℃时枝条受害，10 年以上大树能忍耐-21 ℃的低温，但在-25 ℃时，大树也有冻死的危险。但在寒潮来临过早（沿黄产区 11 月中下旬），即非正常降温条件下，高于此温度，也导致花椒冻害。前一种冻害是在花椒休眠期发生的，花椒树体经过降温锻炼，抗寒性相应提高。而后一种则是花椒树尚未完全停止生长，没有经受低温锻炼，抗寒性较低时发生的，冻害的致害温度相对较高。冻害发生的典型特征是根茎部受害，木质部与韧皮部间形成层组织坏死，春季也能萌芽，后逐渐死亡。

（2）立地条件。在不同立地条件下一般多风平原区冻害重，丘陵区次之，丘陵背风向阳处最轻。在同一立地条件下，有防护林等屏障挡风的冻害轻，同一株树迎风面冻害重。

（3）树龄树势。树龄大小对冻害的抵抗能力不同，7 年生左右树抗寒性最强；低于 4 年生的幼树，树龄越小，抗寒性越弱；15 年生以上的成龄树，因长势逐渐衰弱又易受冻害。树势生长健壮、无病虫危害的，冻害轻；反之冻害重。

（4）品种。不同品种抗寒遗传基础不同，对冻害的抗御能力也有差别，一般落叶晚的品种抗寒力弱。

2. 冻害的症状

受冻部位表皮为灰褐色,严重的为黑色块状或黑色块状绕枝、干周形成黑环。黑环以上部分逐渐失水造成抽条干枯,从受冻部位的横纵切面来看,因受害程度不同,形成层受害为浅褐色、褐色或深褐色。植株受冻后,不一定表现出冻伤症状,受冻害严重时,春天根本不能发芽;受冻害轻时,特别是非正常降温引起的轻度冻害,有发芽后回芽现象。

3. 冻害的防护

(1)保持健壮的树势。采取综合管理措施使花椒树保持壮而不旺、健而不衰的健壮树势,从而提高其对低温的抵抗能力。

(2)控制后期生长,促使正常落叶。正常进入落叶期的花椒树,有较强的抗寒力。因此,在花椒园水肥管理上,应做到“前促后控”,对于旺长的花椒树,可在正常落叶前 30~40 d,喷施 40%的乙烯利水剂 2 000~3 000 倍液,促其落叶,使之正常进入落叶休眠期。

(3)合理间作。花椒园间种其他作物应以防止花椒树秋季旺长、保证正常落叶为前提,秋季不宜间作需水肥较多的白菜、萝卜等秋菜,而应间作春、夏季需水肥多的低秆作物,如花生、瓜类、豆类、绿肥等。

(4)早冬剪喷药保护。冬剪时间掌握在落叶后至严冬来临之前,沿黄花椒产区以 11 月中下旬至 12 月上旬为宜。

修剪时尽可能将病枝、虫枝、伤枝、死枝剪除,减少枝量相应减少了枝条水分消耗,可有效防治“抽干”和冻害。

冬剪之后及时用波尔多液对树体喷雾,既防病,又可为树体着一层药液保护膜而防冻。

(5)根茎培土,树干保护。因地面温度变幅较大,以致根茎最易遭受冻害,可在冬前对花椒的根茎培土保护,培土高度 30~80 cm。树干保护的措施有埋干(定植 1~2 年生的幼树)、涂白、涂防冻剂、捆草把等。

（6）早施基肥适时冬灌。冬施基肥结合浇越冬水适时进行，既起到稳定耕层土壤温度、降低冻层厚度的作用，树体又可及时获得水分补充，防止枝条失水抽干造成干冻。冬灌时间以夜冻日消、日平均气温稳定在2 ℃左右时为宜，沿黄地区时间为11月中下旬至12月上旬。

（7）营造防护林，利用小气候。防护林在林高20倍的背风距离内可降低风速34%～59%，春季林带保护范围内比旷野提高气温0.6 ℃左右，所以在建园时应考虑在园地周围营造防护林。此外，还可以利用背风向阳的坡地、台地等小气候适宜地区建园。

（二）伤口保护

花椒树伤口愈合缓慢，修剪及田间操作造成的伤口如果不及时保护，会严重影响树势，因此修剪过程中一定要注意避免造成过大、过多的伤口。花椒树修剪时要避免"朝天疤"，这类伤口遇雨易引起伤口长期过湿，愈合困难，并导致木质部腐烂。

修剪后，一定要处理好伤口，锯枝时锯口茬要平，不可留桩，要防止劈裂。为了避免伤口感染病害，有利于伤口的愈合，必须用锋利的刀将伤口四周的皮层和木质部削平，再用4～5波美度的石硫合剂进行消毒，然后进行保护。常见的保护方法有涂抹油漆、稀泥、地膜包裹等，这些伤口保护方法均能防止伤口失水并进一步扩大，但是在促进伤口愈合方面不如涂抹伤口保护剂效果好。现在已有一些商品化的果树专用伤口保护剂，生产中可选择使用，也可以自己进行配制，方法如下：

（1）液体接蜡。用松香6份、动物油2份、酒精2份、松节油1份配制。先把松香和动物油同时加温化开、搅匀后离火降温，再慢慢地加入酒精、松节油，搅匀装瓶密封备用。

（2）松香清油合剂。用松香1份、清油（酚醛清漆）1份配制。先把清油加热至沸，再将松香粉加入拌匀即可。冬季使用应酌情多加清油,夏天可适量多加松香。

(3)豆油铜素剂。用豆油、硫酸铜、熟石灰各 1 份配制。先把硫酸铜、熟石灰研成细粉,然后把豆油倒入锅内熬煮至沸,再把硫酸铜、熟石灰加入豆油内,充分搅拌,冷却后即可使用。

第五章　花椒树整形修剪

栽培花椒为小乔木,多栽种在山地和丘陵地区,水肥条件较差,树体不高,分枝能力较弱,枝条较短。因此,整形修剪中应坚持“小冠型、多主枝及主枝冬剪短截,夏季摘心,促进分枝”的整形修剪原则,以利于树冠早日形成。

一、花椒树的修剪时期

(一)冬季修剪

冬季修剪在落叶后至萌芽前休眠期间进行,北方冬季寒冷,易出现冻害,以春季芽萌动前进行修剪较安全。冬季修剪以培养、调整树体结构,选配各级骨干枝,调整安排各类结果母枝为主要任务。冬季修剪在无叶条件下进行,不会影响当时的光合作用,但影响根系输送营养物质和激素量。疏剪和短截,都不同程度地减少全树的枝条和芽量,使养分集中保留于枝和芽内,打破了地上枝干与地下根的平衡,从而充实了根系、枝干、枝条和芽体。由于冬季管理不动根系,所以增大了根冠比,具有促进地上部生长的作用。

(二)夏季修剪

夏季修剪主要用来弥补冬季修剪的不足,是于开花后期至采收前的生长季节进行的修剪。夏季修剪正处于6~7月的花椒旺盛生长阶段和营养物质转化时期,前期生长依靠贮藏营养,后期依靠新叶制造营养。利用夏季修剪,采取抹芽、除萌蘖、疏除旺密枝,撑、拉、压开张骨干枝角度、改变枝向,环割、环剥等措施,促使树冠迅速扩大,加快树体形成,缓和树势,改善光照条件,提早结果,减少营养消耗,提高光合效率。夏季修剪只宜在生长健壮的旺树、幼树上适期、适量进行，同时要加强综合管理措施，才能收到早期丰产和高产、优质的理想效果。

二、花椒树枝条种类及与修剪有关的生物学特性

花椒树的枝条按其特性可分为发育枝、徒长枝、结果枝和结果母枝四类。

(1)发育枝。是由营养芽萌发而来，当年生长旺盛，其上形不成花芽，落叶后为一年生发育枝；当年生长中庸健壮，其上可形成花芽，落叶后转化为结果母枝。发育枝是扩大树冠和形成结果枝的基础，也是树体营养物质合成的主要场所。发育枝有长、中、短枝之分，长度在 30 cm 以上为长发育枝，15~30 cm 的为中发育枝，15 cm 以下的为短发育枝。定植后到初果期，发育枝多为长、中枝；进入盛果期后，发育枝数量较少，且多为短枝，也很容易转化为结果母枝。

(2)徒长枝。是由多年生枝皮内的潜伏芽在枝、干折断或受到剪截刺激及树体衰老时萌发而成，它生长旺盛，直立粗长，长度多为 50~100 cm。徒长枝多着生在树冠内膛和树干基部，生长速度较快，组织不充实，消耗养分多，影响树体的生长和结果。通常徒长枝在盛果期及其之前多不保留，应及早疏除；在盛果期后期到树体衰老期，可根据空间和需要，有选择地改造成结果枝组或培养成骨干枝，更新树冠。

(3)结果枝。是由混合芽萌发而来，顶端着生果穗的枝条。结果初期，树冠内结果枝较少，进入盛果期后，树冠内大多数新梢成为结果枝，且结果后先端芽及其以下 1~2 个芽仍可形成混合花芽，转化为翌年的结果母枝。结果枝按其长度可分为长果枝、中果枝和短果枝。长度在 5 cm 以上的为长果枝，2~5 cm 的为中果枝，2 cm 以下的为短果枝。各类结果枝的结果能力，与其长度和粗度有密切关系，一般情况下，粗壮的长、中果枝的坐果率高，果穗大；

细弱的短果枝坐果率低，果穗小。各类结果枝的数量和比例，常因品种、树龄、立地条件和栽培管理技术水平不同而异。一般情况下，结果初期树结果枝数量少，而且长、中果枝比例大；盛果期和衰老期树，结果枝数量多，且短果枝比例高；生长在立地条件较差的花椒树，结果枝短而细弱。

（4）结果母枝。是发育枝或结果枝在其上形成混合芽后到花芽萌发、抽生结果枝、开花结果这段时间所承担的角色，果实采收后转化为枝组。但在休眠期，树体上仅有着生芽的结果母枝，而无结果枝。在结果初期，结果母枝主要是由中庸健壮的发育枝转化而来。结果母枝抽生结果枝的能力与其长短和粗壮程度成正相关。长而粗壮的结果母枝抽生结果枝能力强，抽生的结果枝结果也多；短而细弱的结果母枝抽生结果枝能力弱，抽生的结果枝结果也少。

枝条生长在春季气温稳定在 10 ℃左右时开始。结果枝 1 年中只有 1 次生长高峰，一般出现在 4 月上旬至 5 月上旬，其生长高峰持续时间短，生长量较小，一般 2～15 cm。发育枝和徒长枝在 1 年中生长时间长，生长量大，并出现 2 次生长高峰，一般发育枝年生长量在 20～50 cm，徒长枝在 50～100 cm。发育枝和徒长枝第一次生长高峰出现在展叶后至椒果开始迅速膨大，其生长量占全年总生长量的 35%；第二次生长高峰大体出现在 6 月下旬椒果膨大结束至 8 月上旬，其生长量约占全年总生长量的 40%。花椒新梢的加粗生长和伸长生长同步出现，但持续时间较长。

三、花椒树修剪技术

（一）疏剪

疏剪包括冬季疏剪和夏季疏剪，方法是将枝条从基部剪除。疏剪减少了树冠分枝数，具有增强通风透光、提高光合效能、促进开花结果和提高果实质量的作用。较重疏剪能削弱全树或局部枝条生长量,但疏剪果枝反而有加强全树或局部生长量的作用,这是因为果实少了,消耗的营养也就少了,营养更有利于供应根系和新梢生长,使生长和结果同时进行,达到年年结果的目的。生产中常用疏剪来控制过旺生长,疏除强旺枝、徒长枝、下垂枝、交叉枝、并生枝、外围密挤枝。利用疏剪疏去衰老枝、干枯枝、病枝、虫枝等,还有减少养分消耗、集中养分促进树体生长,增强树势的作用。

(二)短截

短截又叫短剪,即把一年生枝条或单个枝剪去一部分。原则是"强枝短留,弱枝长留"。分为轻剪(剪去枝条的1/4~1/3)、中剪(剪去枝条的2/5~1/2)、重剪(剪去枝条的2/3)。极重剪(剪去枝条的3/4~4/5)。极重剪对枝条刺激最重,剪后一般只发1~2个不太强的枝。短截具有增强和改变顶端优势部位的作用,有利于枝组的更新复壮和调节主枝间的平衡关系,能够增强生长势,降低生长量,增加功能枝叶数量,促进新梢和树体营养生长。由于光合产物积累减少,因而不利于花芽形成和结果。短截在花椒修剪中用得较少,只是在老弱树更新复壮和幼树整形时采用。

(三)缩剪

缩剪又叫回缩,即将多年生枝短截到适当的分枝处。由于缩剪后根系暂时未动,所留枝芽获得的营养、水分较多,因而具有促进生长势的明显效果,利于更新复壮树势,促进花芽分化和开花结果。对于全树,由于缩剪去掉了大量生长点和叶面积,光合产物总量下降,根系受到抑制而衰弱,使整体生长量降低。因此,每年对全树或枝组的缩剪程度,要依树势、树龄及枝条多少而定,做到逐年回缩,交替更新,使结果枝组紧靠骨干,结果牢固;使衰弱枝得到复壮,提高花芽质量和结果数量。每年缩剪时,只要回缩程度适当,留果适宜,一般不会发生长势过旺或过弱现象。

(四)长放

长放又叫缓放或甩放,即对一、二年生枝不加修剪。长放具有缓和先端优势，增加短枝、叶丛枝数量的作用，对缓和营养生长、增加枝芽内有机营养积累、促进花芽形成、增加正常花数量、促使幼树提早结果有良好的作用。长放要根据树势、枝势强弱进行，对于长势过旺的植株要全树缓放。由于花椒枝多直立生长，所以，为了解决缓放后造成光照不良的弊端，要结合开张主枝角度、疏除无用过密枝条和撑、拉、坠等措施，改变长放枝生长方向。

(五)造伤调节

对旺树旺枝采用环割、环剥、刻伤和拿枝软化等措施制造伤口，使枝干木质部、韧皮部暂时受伤，在伤口愈合前起到抑制过旺的营养生长，缓和树势、枝势，促进花芽形成和提高产量的作用。

(六)调整角度

对角度小、长势偏旺、光照差的大枝和可利用的旺枝、壮枝，采用撑、拉、曲、坠等方法，改变枝条原生长方向，使直立姿势变为斜生、水平状态，以缓和营养生长和枝条顶端优势，扩大树冠，改善树冠内膛光照条件，充分利用空间和光能，增加枝内碳水化合物积累，促使正常花的形成。

四、花椒树丰产树形及整形

(一)自然开心形

1. 树形结构特点

有明显主干，干高仅 20~30 cm，在主干上均衡着生 3 个主枝，3 个主枝相邻间的夹角 120°左右，主枝与主干间的夹角 60°左右。每个主枝上着生 2~3 个侧枝，第一侧枝距主干 40~50 cm，第二侧枝距第一侧枝 30~40 cm，第三侧枝距第二侧枝 50~60 cm。同一级侧枝在同一方向，相邻侧枝方向相反。主枝及侧枝上着生结果枝(见图 5-1)。

2. 整形要点

第一年，栽植后随即定干，定干高度 30~50 cm。在当年萌发

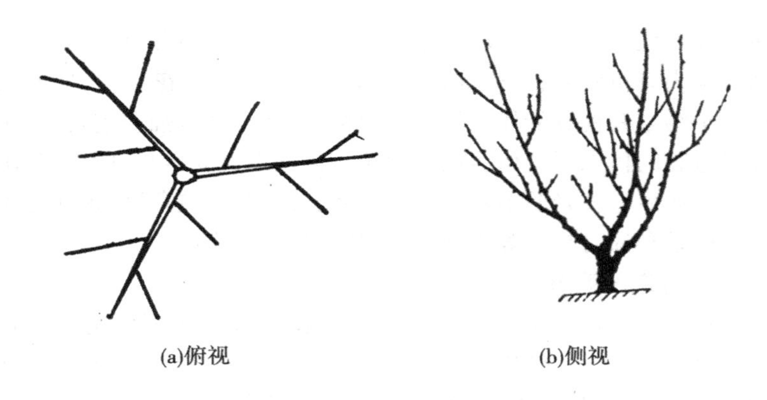

图 5-1　自然开心形

的枝条中,选择 3 个分布均匀、生长强壮的枝条作主枝,其他枝条采取拉、垂、撑的办法,使其水平或下垂生长。夏季,主枝长到 50~60 cm 时摘心,促发二次枝,培养一级侧枝,同级侧枝选在同一方向(主枝的同一侧)。初冬或翌年春天休眠期修剪时,主枝、侧枝均应在饱满芽处下剪,且注意剪口芽的选留,主枝方位、角度若很理想,剪口芽均应选留外芽,剪口下第二芽在内侧应剥除。各主枝应与垂直方向保持 60°左右的夹角,若主枝角度偏小,可用撑、拉、垂的办法开张角度。主枝方位不够理想时,可用左芽右蹬或右芽左蹬法进行调整。其他枝条长甩长放,采用拉、垂、撑等方法开张角度。

第二年,主枝延长到 40~50 cm 时摘心,培养二级侧枝,其方向同一级侧枝相反。其他枝条长甩长放。5~6 月采用拉、垂的办法使其下垂,或多次轻摘心,促其花芽形成,以提高幼树早期产量。初冬或翌年春天休眠期修剪方法基本同第一年的。

第三年,主枝延长到 60~70 cm 时摘心,培养三级侧枝,其方向与二级侧枝相反,与一级侧枝相同。侧枝上视其空间大小培养中小型枝组。初冬或翌年春天休眠期疏除少量过密枝,短截旺枝。

第四年,对主枝顶端生长点及长旺枝,于5月后均进行多次轻摘心,促内膛枝组健壮生长。初冬或翌年春天休眠期修剪时,对过密枝及多年长放且影响主枝、侧枝生长发育的无效枝进行疏除或适当回缩。

自然开心形一般四年即可完成整形。

(二)多主枝丛状形

1. 树形结构特点

无明显主干,从树基着生3~5个方向不同、长势均匀的主枝。主枝上着生1~2个侧枝,第一侧枝距树基50~60 cm,第二侧枝距第一侧枝60~70 cm。同一级侧枝在同一方向,一、二级侧枝方向相反。主、侧枝上着生结果枝。整个树形呈丛状(见图5-2)。

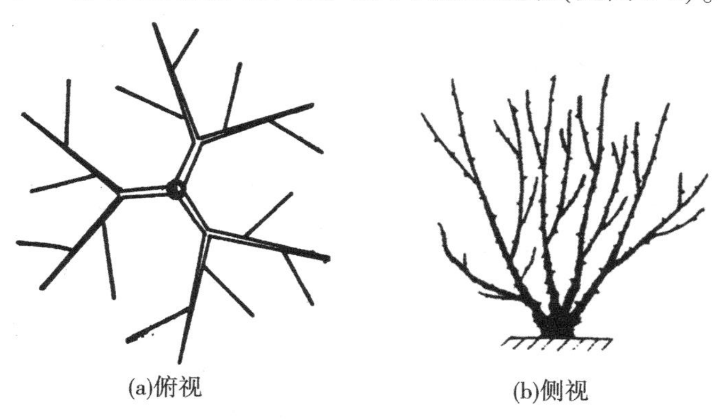

图5-2　多主枝丛状形

2. 整形要点

第一年,栽后随即截干,截干高度约20 cm。第一年在剪口下萌发数芽,长出多个枝条,选择3~5个着生位置理想且分布均匀、生长强壮的枝条作为主枝;其余枝条不要疏除,应采取撑、垂、拉的办法,使其水平或下垂生长,以缓和树势,扩大叶面积,增加树体有机质的制造,使树冠尽快形成和增加结果部位。夏季,所留主枝长至 60~70 cm 时摘心,促发二次枝,培养一级侧枝。注意将一级侧枝留在同一方向,以免相互交叉,影响光照。初冬或翌年春天休眠期修剪方法基本同自然开心形第一年初冬或翌年春天休眠期修剪。

第二年,主枝延长到 70~80 cm 时摘心,培养第二侧枝,其方向和第一侧枝方向相反。其他枝条的处理、夏季整形及初冬或翌年春天休眠期修剪方法参照自然开心形的第二年修剪方法。

第三年,对主枝顶端生长点及长旺枝,于 5 月后均进行多次轻摘心,促内膛枝组健壮生长。春天或秋天休眠期修剪时,对过密枝及多年长放且影响主枝、侧枝生长发育的无效枝进行疏除或适当回缩。

多主枝丛状形一般三年即可完成整形。

(三)疏层小冠纺锤形

1. 树形结构特点

有中心干,干高 80 cm 以上分层次留主枝多个,每个主枝上有 2~3 个侧枝,树高控制在 2.5 m 以下,冠幅 3~4 m。这种树形树干较高,有中心主干,主枝较多,分层着生,通风透光,树势健壮,产量高,寿命长,适宜水肥条件好、光照充足的地方及庭院采用(见图 5-3)。

2. 整形要点

第一年,萌芽后,将着生于苗木顶端的壮芽保留,促其旺盛生长,培养为中心主干,以后每年的修剪中心主干一般不控制,待高度达 2.5 m 左右时摘心不再要主干。在中心干 1 m 上下范围内选择 3~4 个向四周伸展、长势均匀的新梢作为第一层主枝培养,各主枝伸展的方位角为 120°或 90°,间距 5~10 cm,与中心干的夹角为 50°~60°;其余枝条拉成 60°~80°斜生,控制其长势,作为辅养枝。全部清除离地面 80 cm 范围内的分枝。

第二年,萌芽前,选定的第一层各主枝留 40~50 cm 剪截,辅

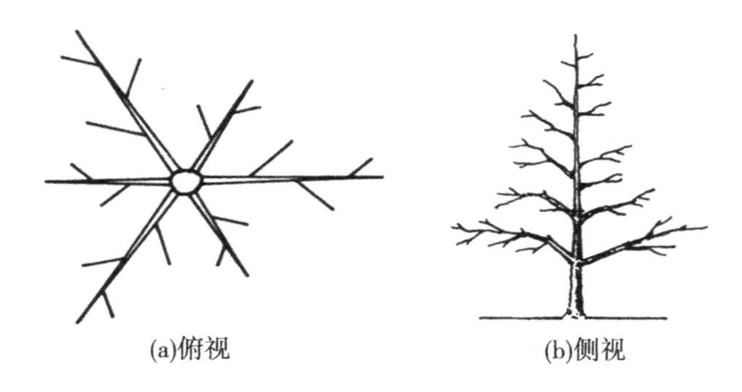

图 5-3　疏层小冠纺锤形

养枝不剪截。萌芽后，在第一层主枝上每隔 20~30 cm 范围内萌发的新梢中选 3 个长势均匀、方位角为 120°的枝条作为第二层的主枝培养，当长度达 40 cm 时摘心，并拉成斜生 45°左右；其余枝条拉成斜生 70°左右，作为辅养枝。当第一层各主枝剪口芽萌发的新梢长度达 40 cm 左右时摘心，促生分枝，培养为侧枝。

以后逐年依次类推，使各主枝延伸，上层主枝长度为下层主枝长度的 1/2~2/3，分枝角度略小于下层主枝，其上配置的枝组以小型为主，且比下层稀疏，形成分层结构，即上层小下层大、上层稀疏下层稠密的疏层小冠纺锤形树形。

(四)放任树改造整形

1. 树形结构特点

放任的成龄花椒结果树，普遍表现主枝过多，层次不清，通风透光不良，结果部位外移。

2. 整形要点

第一年，以疏为主，疏去过密的大枝、细弱枝、病虫枝、徒长枝，但忌大拉大砍，强求树形，以免影响产量和寿命；对所留大枝，采取“打进去，拉出来”和拉、别、垂等方法，使其合理占据空间，均匀分布；适当回缩主侧枝，拉开枝条角度(见图 5-4)。

第二年，主要是复壮结果枝，回缩弱枝，增加中长结果枝；缓放

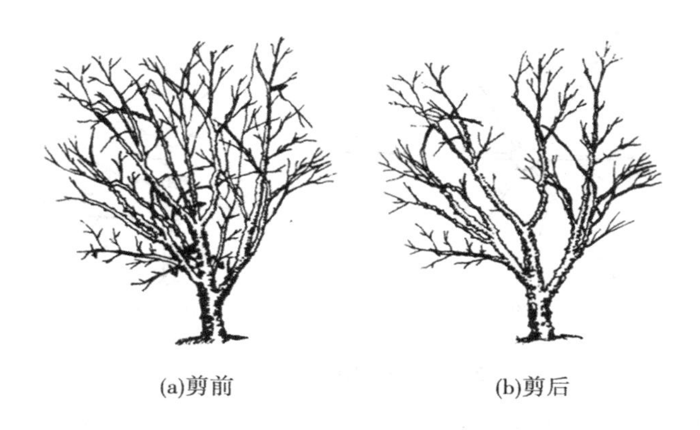

(a)剪前　(b)剪后

图 5-4　放任树改造整形第一年

徒长枝和旺长枝,并采用撑、拉、坠等措施,改变长放枝生长方向,引枝补空,使树冠完满,扩大结果面积(见图 5-5)。

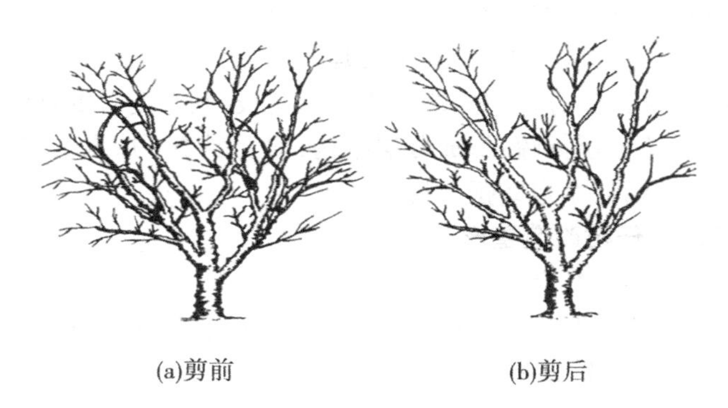

(a)剪前　(b)剪后

图 5-5　放任树改造整形第二年

第三年,培养内膛结果枝,剪去衰老无用枝;对中、下部光秃的内膛,采取压枝、有目的的创伤等方法,使其光秃部位萌发新枝,形成新的结果枝组(见图 5-6)。

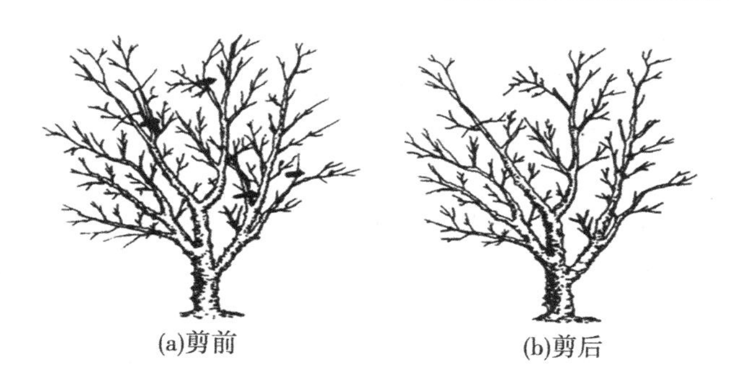

图 5-6　放任树改造整形第三年

五、花椒树不同类型枝的修剪、培养

(一)骨干枝的修剪

骨干延长枝长度一般剪留 40 cm 左右,枝头的分枝角度维持在 45°左右。

主枝间强弱不均衡时,对强主枝,其上适当疏除部分强枝,多缓放,少短截,减少枝条数量,增加结果量,以缓和长势;对弱主枝,其上枝条可少疏除,多短截,增加枝条数量,减少结果量,增强长势。同一主枝上,要维持前部和后部长势均衡,若出现前强后弱,应采取前部多疏枝,多缓放,后部少疏枝,中短截的办法,控前促后,调整前后长势均衡;若出现前弱后强,可采用与上述相反的方法,控后促前。

树冠各部分的主从关系应为主干强于主枝、主枝强于侧枝、侧枝强于枝组,但强弱程度相差不能太大。若出现不正常的关系,应采取抑强扶弱的方法及时调整。

(二)结果枝组的培养

结果枝组可分为大、中、小 3 种类型,一般大型枝组有 30 个以上的分枝,中型枝组有 10~30 个分枝,小型枝组有 2~10 个分枝。大型枝组枝条数量多,更新容易,寿命长,而小型枝组枝条数量少,更新不易，寿命较短。另外花椒为枝顶结果，且结果枝连续结果能力强，结果后容易形成短果枝群，枝组容易衰老，所以在配置结果枝组时，大、中型结果枝组的数量应占 25%~30%，大、中、小型枝组要相间交错配置。

培养结果枝组时，根据枝条的状态可采用先截后放、先截后缩、先放后缩、连截再缩等方法。

(1)先截后放法。萌芽前冬剪时，选中庸枝中短截促生分枝。第二年冬剪时，疏除直立旺枝外，其余枝条全部保留并缓放，使其上产生小分枝，形成顶花芽。以后根据延伸空间大小，适当短截个别枝条，延伸占据空间，逐步培养成中、小型枝组(见图 5-7)。

图 5-7　先截后放法

(2)先截后缩法。冬剪时，选较粗壮的枝条留较多的饱满芽重短截，促生较多的强壮枝条。第二年冬剪时，将前部部分过旺枝条在适当部位回缩，保留枝中个别根据需要可短截，促其延伸，其余均缓放，逐步培养成大、中型枝组(见图 5-8)。

(3)先放后缩法。冬剪时，选中庸粗壮的枝条进行缓放，缓放后可形成较多的小分枝，待形成花芽结果后，在适当部位回缩，培养成中、小型枝组(见图 5-9)。

(4)连截再缩法。多用于大型枝组的培养。冬剪时，选较粗壮的中庸枝进行重短截，在母枝下部促生强弱不同的分枝。第二年冬剪时，在不同延伸方向选强弱不同的分枝，中短截促其延伸。在生长季还可在空间大、枝条少的部位进行摘心，促进分生枝条，

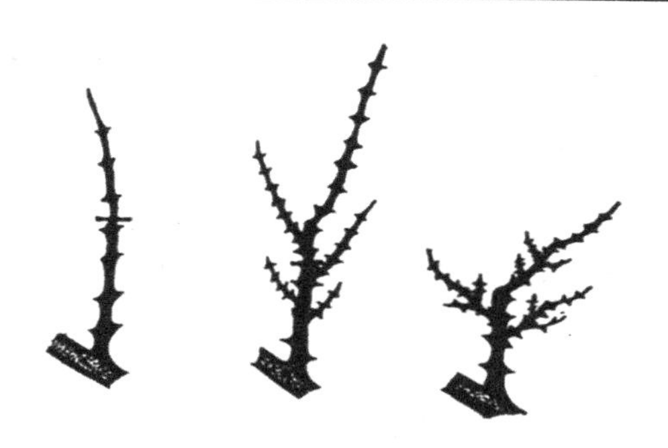

图 5-8　先截后缩法

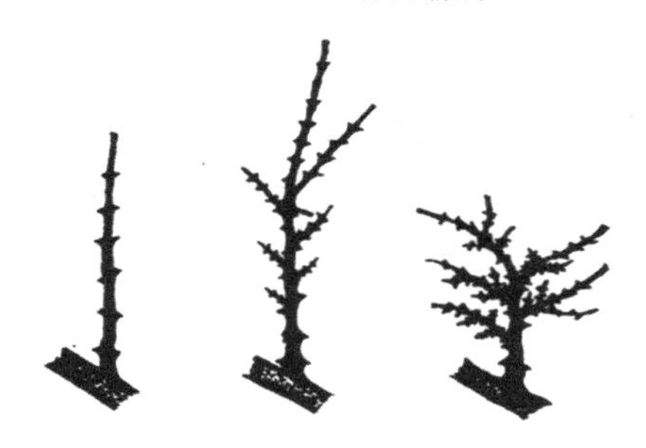

图 5-9　先放后缩法

当占据延伸空间后，再逐步回缩，形成圆满紧凑的大型枝组（见图 5-10）。

图 5-10　连截再缩法

结果枝组的培养应坚持“快速形成，圆满紧凑”的原则，根据枝条状态和延伸的空间，确定枝组的大小，选择适宜的培养方法，以冬剪、夏剪相结合的培养方式培养结果枝组。

（三）辅养枝的利用和处理

辅养枝是整形期间保留在主干、主枝上的临时性枝条，也是初果期结果的主要部位。因此，在不影响骨干枝生长和树冠内膛光照的前提下，应尽量保留，轻剪长放，促进其结果。若辅养枝对骨干枝或树冠内膛光照产生影响，根据影响程度进行调整处理。影响较轻时，采用适当疏枝、回缩的方法，去掉影响部分；严重影响骨干枝生长时，应从基部疏除。

（四）徒长枝的处理和利用

盛果末期，树势逐渐衰弱，树冠内膛常萌发很多徒长枝，这些徒长枝长势强旺，不仅消耗大量养分，而且扰乱树冠，应及早处理。一般对枝组较多部位的徒长枝应及早抹芽或疏除；对生长在骨干枝后部光秃部位的徒长枝，应于夏季长到30~40 cm时摘心，促其分枝，冬剪时去强留中庸，引向两侧，改造成结果枝组，增加结果部位。

（五）老枝抬高枝头角度

盛果初期，如果主枝还未完全占据株间空间，可对延长枝中短截，继续延伸；若主枝在株间交接，延长枝应当用长果枝当头，停止其延长。盛果期后期，骨干枝枝头因连年结果变弱，先端开始下垂，应及时在斜上生长的强壮枝组处回缩，以抬高枝头角度，复壮长势（见图5-11）。

六、花椒树不同龄期树的修剪

（一）盛果期树的修剪

一般定植五六年后的花椒树开始进入盛果期。盛果期花椒树修剪要着重注意改善光照，调整营养生长与结果的关系，促进连年

图 5-11　老枝抬高枝头角度

丰产。具体修剪,应因树而定。一般生长健壮的树修剪宜轻,生长衰弱的树修剪宜重。

1. 初冬或春季修剪

盛果期花椒树以初冬上大冻前修剪效果最佳。方法是:对当年抽生的营养枝剪去先端半木质化部分,即剪掉枝条的 1/3。休眠芽萌发的徒长枝,内膛有空间的,可短截培养成枝组,无空间的一律疏除。遇有主枝、侧枝前端衰弱的,回缩到壮枝处,并选留向上或斜生的枝作带头枝。尽管花椒的结果母枝连续结果能力较强,但三五年后产量仍有明显下降,此时应及时回缩复壮,利用壮枝更新,疏除过密细弱枝、干枯枝、病虫枝等。

2. 夏剪

对生长旺盛的盛果期花椒树,除春季或秋季修剪外,还可以进行夏剪。夏剪能抑制旺盛的营养生长,防止树形紊乱及光照不良,增加结果部位,促进丰产。修剪方法:5~7 月对生长旺盛的营养枝、徒长枝进行多次轻摘心,减少营养消耗,促进果实生长和来年丰产。对营养生长旺盛,但结果少的个别树,进行环状剥皮,抑制营养生长,促进花芽分化。对基角小的主枝,采用别、拉、垂等方法开张主枝角度,以促进其结果。

(二)衰老树更新修剪

花椒树寿命可达 40 多年,但一般 20~25 年生的花椒树即开始衰老。衰老花椒树生长下降,多出现干枯、细弱枝,枝条交叉重叠,滋生病虫害等。衰老花椒树要通过修剪达到改善光照,恢复树势,延长经济年限的目的(见图 5-12)。

图 5-12　衰老树更新修剪

衰老树的修剪时间一般在休眠期的早春进行,宜重剪,以促进新枝萌发或生长。修剪方法:对衰弱的主枝进行更新复壮,即将主枝进行回缩,有壮枝的回缩到壮枝处,利用壮枝作带头枝,同时注意控制背上旺枝,以利通风透光和平衡树势;短截内膛的徒长枝,培养成结果枝组;回缩复壮结果母枝,对已形成鸡爪的弱枝组,要及时回缩复壮;疏除细弱枝、病虫枝、干枯枝等。对产量很低的极衰老树,要及时更新,选留 3～5 个基部萌生方向好的健壮枝作为主枝,将原主枝逐年疏除,基部无萌蘖生成时,疏除少量主枝,促使萌蘖生成,利用两三年时间重新整形,培养新株。无复壮可能的衰老树,即时挖除重新栽植建园。

第六章　花椒树主要病害识别与防治

一、花椒炭疽病

花椒炭疽病又名黑果病。危害果实、叶和嫩梢。

(一)症状识别

果实染病,病初果面出现数个分布不规则的褐色小点,后期病斑变成深褐色圆形或近圆形,中央下陷。天气干燥时,病斑中央灰色,上具有褐色至黑色轮纹状排列的粒点;阴雨高温天气,病斑小黑点呈粉红色小突起。叶片、新梢染病,呈褐色至黑色病斑。

(二)发病规律

病原为半知菌类胶孢炭疽菌。病菌在病果、病叶及病枯梢中越冬。翌年6月产生分生孢子,借风、雨、昆虫传播和多次侵染危害。6月下旬后发病,8月为发病盛期。椒园通风透光不良,树势衰弱,高温高湿,利于病害的大发生。

(三)防治方法

(1)农业防治。①加强椒园的综合管理,科学修剪,配方施肥,雨后及时排水防田间渍害,保持椒园通风透光良好,促进椒树健壮生长,增强树体抗病能力。②冬春彻底清除椒园病残枝和落叶,烧毁或深埋,以减少越冬菌源,抑制病害发生。

(2)药剂防治。①冬前,树体喷洒1次3~5波美度石硫合剂或45%晶体石硫合剂100~150倍液,同时兼治其他病虫害。②花椒树发芽前,树冠喷洒50%百菌清可湿性粉剂500倍液或5%~10%轻柴油乳剂、45%噻菌灵可湿性粉剂800倍液等,铲除树体上越冬宿存的病菌。③重在幼果期防治，落花后 15～20 d 喷洒 1 次 25%溴菌腈乳油 400～500 倍液或 50%硫黄悬浮剂 400 倍液、80%炭疽福美可湿性粉剂 700～800 倍液、40%三乙磷酸铝可湿性粉剂 800 倍液、50%多菌灵可湿性粉剂 1 000 倍液、36%甲基硫菌灵悬浮剂 800 倍液、2%农抗 120 水剂 200 倍液等。

二、花椒锈病

花椒锈病又名花椒鞘锈病、花椒粉锈病。危害叶片。

（一）症状识别

病初，在叶的背面出现圆形点状不规则环状排列的淡黄色或锈红色病斑，严重时病斑扩展到全叶，致叶片枯黄早落。秋季在病叶背面出现橙红色或黑褐色凸起的冬孢子堆。

（二）发病规律

病原为担子菌门花椒鞘锈菌。陕西秦岭以南 6 月上中旬开始发病，7～9 月为发病盛期。秦岭以北 7 月下旬至 8 月上旬开始发病，9 月下旬至 10 月上旬为发病高峰期。病菌夏孢子借风雨传播侵染。阴雨潮湿天气发病重，少雨干旱天气发病轻；树势强壮发病轻，树势衰弱则发病较重；通风透光不良的树冠下部叶片先发病，以后逐渐向树冠上部扩散。

（三）防治方法

（1）农业防治。①选栽抗病品种。枸椒等品种抗病能力强，可与大红袍混合栽植，以降低锈病的传播流行；利用无性繁殖或嫁接等方法发展抗病品种。②加强椒园管理。冬春季彻底清理病枝落叶，烧毁或深埋，消灭越冬菌源。加强水肥管理，增强树势，提高树体抗病能力。

（2）药剂防治。①初冬或翌年春天椒芽萌发前喷洒一次 1:2:600 波尔多液，或 3～4 波美度石硫合剂。②6 月初至 7 月下旬，叶面喷洒 15%三唑酮可湿性粉剂或 12.5%烯唑醇可湿性粉剂 600～

800倍液,25%多菌灵悬浮剂1 000~1 500倍液或40%氟硅唑可湿性粉剂2 000倍液、50%甲基硫菌灵可湿性粉剂600~700倍液、50%硫黄悬浮剂200倍液、70%代森锰锌可湿性粉剂1 000倍液等,10~15 d 1次,连防2~3次。

三、花椒黑斑病

花椒黑斑病又名花椒落叶病。危害叶和嫩梢。

(一)症状识别

叶片染病,病初叶片正面产生1~4 mm圆形黑色病斑,随病情发展叶片上产生大型不规则褐色或黑褐色病斑;叶柄上的病斑呈椭圆形;重致椒叶枯黄早落。嫩梢染病,产生梭形紫褐色病斑。

(二)发病规律

病原为半知菌类花椒盘孢菌。病菌在病叶上或枝梢的病组织内越冬。第二年雨季产生分生孢子借风雨进行重复侵染。一般先从下部椒叶发病然后逐步向上扩展,8月中旬至9月初达发病高峰,重至树冠中下部叶片全部脱落。雨季早、降雨多、降雨频繁的年份,发生早且严重;土壤瘠薄、管理粗放、树龄大、椒园种植其他高秆作物,或树冠枝叶茂密、通风透光差的发病重;大红袍易感病,枸椒较抗病。

(三)防治方法

(1)农业防治。选栽抗病品种;加强栽培管理,增施肥料,及时灌水和除草,增强树势,提高抗病能力;科学整形修剪,保持椒园通风透光良好;冬春季剪除病虫枝,并清扫枯枝落叶,烧毁或深埋,减少越冬菌源。

(2)药剂防治。于7月上旬后,叶面喷洒70%代森锰锌可湿性粉剂500~800倍液或77%氢氧化铜可湿性粉剂500~800倍液、42%噻菌灵悬浮剂1 000倍液、50%异菌脲可湿性粉剂1 500倍液等,15~20 d 1次,连防2~3次。摘椒后再补喷1次上述药剂。

四、花椒干腐病

花椒干腐病又名流胶病。危害树干、枝条。

（一）症状识别

病初，病部表皮呈红褐色。随病斑扩大病皮凹陷变成黑色圆形或长椭圆形，呈湿腐状，并有流胶出现。剥开病皮可见白色菌丝体布于病变组织中。后期病斑干缩、龟裂，并出现许多橘红色病菌孢子座。老病斑上常有黑色颗粒状病菌子囊壳。病斑可长达5~8 cm，致树皮腐烂，树势衰弱，树叶发黄，甚至枝条枯死。

（二）发病规律

病原为子囊菌门虱状竹赤霉菌。病菌在树体病部越冬。翌年5月初气温升高时，老病斑恢复侵染能力，6~7月产生分生孢子，借风雨传播，从伤口侵入进行重复侵染。病害发展至10月停止蔓延。豆椒比其他花椒品种抗病。老弱树、位于阴坡树、吉丁虫危害重的椒树，发病重。

（三）防治方法

（1）农业防治。①选栽抗病品种。②加强栽培管理，防止冻害，科学防治病虫害，增施有机肥，及时排灌水，增强树势；尽量减少树体伤口，对伤口涂1%硫酸铜液保护；苗木定植避免过深，加强定植后管理，缩短缓苗期。

（2）药剂防治。①刮治病斑。刮去上层病皮，并用5%晶体石硫合剂30倍液或70%甲基硫菌灵可湿性粉剂100倍液、40%氟硅唑乳油1 000倍液等涂抹杀菌保护。②喷药保护。大树在发芽前、6~8月、10月各喷洒1~2次1:2:240波尔多液或70%代森锰锌可湿性粉剂500~600倍液、50%甲基硫菌灵·硫黄悬浮剂800倍液、50%多菌灵可湿性粉剂600倍液等。

五、花椒枝枯病

花椒枝枯病又名枯枝病、枯萎病。主要危害干、枝。

(一)症状识别

病斑常位于大枝基部、小枝分叉处或幼树主干上。初期病斑不明显，后期病斑表皮呈深褐色，边缘黄褐色，干枯而略下陷，微有裂缝，但病斑皮层不分离，也不立即脱落。病斑多呈长圆条形，秋季其上出现黑色病原菌颗粒。当病斑环绕枝干一周时，上部枝条枯死。

(二)发病规律

病原为半知菌类拟茎点霉菌。病菌在病组织内越冬，翌年在病部继续扩展危害，并产生分生孢子，借风雨、昆虫等进行传播，从伤口侵入重复侵染。多雨高温天气有利于该病害的发生和蔓延。

(三)防治方法

(1)农业防治。加强栽培管理，旱浇涝排，配方施肥，科学修剪，减少伤口，合理负载避免大小年，壮树抗病。冬季树干涂白防冻害，涂白剂配方：生石灰6∶20波美度石硫合剂1∶食盐1∶清水18∶动物油0.1。

(2)药剂防治。刮治病疤。早春将病斑坏死组织彻底刮除，深达木质部，并刮掉病皮四周的一些好皮，刮后涂抹70%甲基硫菌灵可湿性粉剂30倍液或5%菌毒清水剂100倍液、25%双胍辛胺水剂300倍液、腐必清原液、2%农抗120水剂20倍液、2.2%腐植酸·铜水剂原液、30%甲基硫菌灵糊剂、45%晶体石硫合剂100倍液等。

第七章　花椒树主要害虫识别与防治

一、铜色花椒跳甲

铜色花椒跳甲又名铜色潜跳甲、椒狗子、土跳蚤。危害花椒花序梗和羽状复叶柄、花蕾和嫩果。

(一)危害特点

以幼虫危害复叶、花序,致复叶、花序变黑干枯,遇风则跌落地面,故称“折叶虫”“折花虫”;食害幼果,造成落果。成虫啃食叶片造成缺刻或孔洞。

(二)形态特征

成虫:卵圆形,体长 3.0～3.5 mm,虫体古铜色光亮,稍带紫色;体腹面、足和触角棕红色;体基部向后拱起呈弧状(见图 7-1)。卵:长卵圆形,长约 0.6 mm,宽约 0.3 mm;初产金黄渐变为黄白色。幼虫:体长 5.0～5.5 mm,初孵淡白色,老熟时黄白色,头、足、前胸背板及臀背板均为黑褐色。

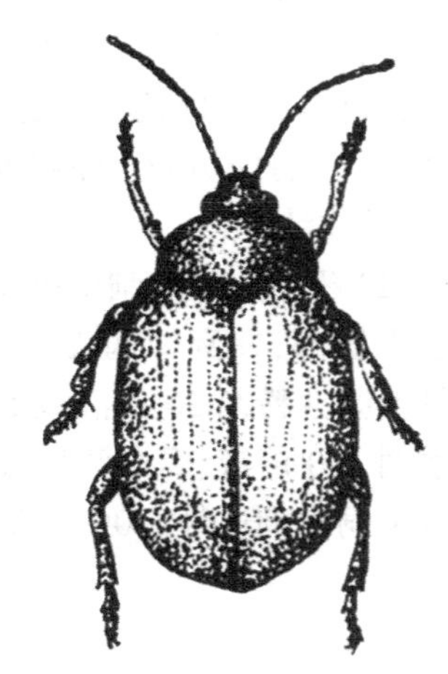

图 7-1　铜色花椒跳甲成虫

(三)发生规律

一年发生 1 代,以成虫在花椒树冠下距主干 1 m 范围内、深 1～5 cm 松土内越冬,少数成虫在椒树翘皮内及树冠下的杂草、枯枝落叶里越冬。翌年花椒树芽萌动时，陆续出土上树为害，花椒现蕾期为出土盛期。成虫出土后成活 30 d 左右，喜于晴天无风、温度高的中午在花椒叶片上活动，若温度低、刮风、降雨天气，则潜伏在叶背、翘皮、石块或土块下。成虫有群集性和假死性且活泼善跳。花序梗伸长期至初花期为产卵盛期，成虫卵散产于花序梗或羽状复叶柄基部，卵期 6~8 d。4 月底至 5 月初，即开花盛期至落花初期为卵孵化为幼虫危害盛期，幼虫期 15~30 d。幼虫 6 月上旬老熟后入地面 3 cm 左右的湿土层内化蛹；6 月中旬新一代成虫出现，椒果膨大期为盛期，8 月中旬成虫陆续潜伏土中越冬。

冬季温度偏高，湿度适宜，越冬成虫成活率就高，翌年可能发生虫害；4 月中旬至 5 月上旬温度较高，少雨多晴天气，有利于成虫产卵和卵的孵化。在杂草丛生的非耕地和不中耕除草、不修剪、不施肥等管理不善的花椒园为害重。成熟早、果皮薄、香味浓的大红袍受害重；而成熟晚、香味小的枸椒受害轻。

（四）防治方法

（1）农业防治。①加强椒园田间管理，避免草荒；②冬春彻底清扫树下枯枝落叶和杂草，并刮除翘皮，集中烧毁；③冬春耕翻树盘，利用低温冻害和鸟食消灭越冬成虫；④椒树萌芽前在树干周围 1 m 范围内培以 30 cm 厚的土并踩实，或覆盖农膜，将越冬幼虫和羽化成虫闷死于土内，雨季及时扒去培土，以防烂根；⑤4 月底至 5 月中旬，随时剪除萎蔫的花序和复叶，集中烧毁或深埋，以消灭幼虫；⑥6 月上中旬树盘中耕灭蛹。

（2）地面药剂防治。春季于椒树发芽前成虫尚未出土时，在距树干 1 m 范围内施药治虫，每亩用 50%辛硫磷颗粒剂 5.0~7.5 kg 或 50%辛硫磷乳剂 0.5 kg 与 50 kg 细沙土混合均匀撒入树冠下，或用 50%辛硫磷乳油 800 倍液对树冠下土壤喷雾。施药后，需将地面用齿耙搂耙几次，深 5~10 cm，使药土混合，提高防治效果。

（3）树上药剂防治。4 月底至 5 月初卵孵化盛期，树冠喷洒

2.5%溴氰菊酯乳油或20%氰戊菊酯乳油3 000倍液,10%氯氰菊酯乳油或20%中西除虫菊酯乳油2 000倍液,40%辛硫磷乳油1 000倍液等。

二、棉蚜

棉蚜俗称蜜虫、腻虫、腻旱。危害蕾、花、芽、叶。

(一)危害特点

以成、若蚜群集花蕾、幼芽、嫩叶吸食为害,致嫩芽、叶卷曲,花器官萎缩,并排出大量黏液玷污叶面,易引发煤污病。

(二)形态特征

成虫:无翅雌蚜,体长1.5~1.9 mm,夏季大多黄绿色,春秋季大多深绿色、黑色或棕色;腹管黑色,圆筒形。有翅雌蚜,体长1.2~1.9 mm,体黄色、浅绿色或深绿色;腹管黑色,圆筒形。卵:椭圆形,长0.49~0.69 mm,初产橙黄色,渐变为漆黑色。若蚜:夏季淡黄色,秋季灰黄色;有翅若蚜翅芽后半部灰黑色,体较无翅若蚜细瘦(见图7-2)。

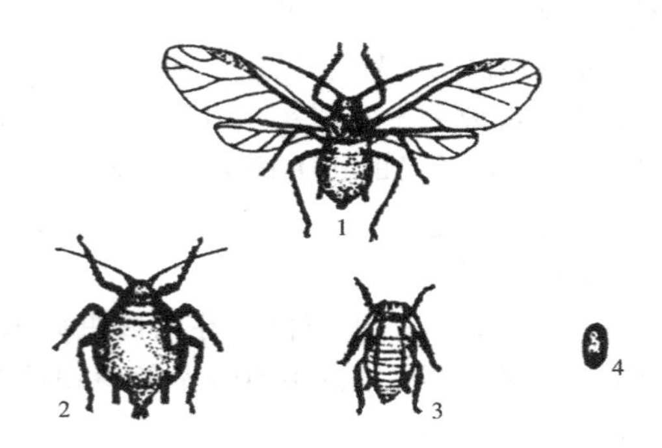

1—有翅雌蚜;2—无翅雌蚜;3—若蚜;4—卵

图7-2　棉蚜

(三)发生规律

一年发生20~30代。以卵在干、枝皮缝中越冬。翌年4月开始孵化并为害,5月下旬后迁至花生、棉花上继续繁殖为害;至10月上旬又迁回花椒等木本植物上为害,并产卵于枝条上越冬。天敌有七星瓢虫、食蚜蝇等。

(四)防治方法

(1)冬春季刮刷树干上的老翘皮并烧毁,消灭越冬卵。

(2)保护和利用天敌。在蚜虫为害期间,七星瓢虫等天敌对蚜虫有一定的控制作用,用药防治要注意保护天敌。当瓢蚜比为1:(100~200),或蝇蚜比为1:(100~150)时可不用药,充分利用天敌的自然控制作用。

(3)药剂防治。发芽前的3月末4月初,以防治越冬有性蚜和卵为主,以降低当年繁殖基数。花椒树生长期的防治关键时间为4月中旬至5月下旬,可喷洒20%氰戊菊酯乳油1 500~2 000倍液或5%吡虫啉乳油1 200倍液、2.5%溴氰菊酯乳油2 500~3 000倍液、5.7%氟氯氰菊酯乳油3 000倍液、40%辛硫磷乳油1 000倍液等。

三、樗蚕蛾

樗蚕蛾又名柏蚕、乌柏樗蚕蛾。危害芽、叶。

(一)危害特点

幼虫食叶和嫩芽,轻者食叶成缺刻或孔洞,重则把全树叶片吃光。

(二)形态特征

成虫:体长25~30 mm,翅展110~130 mm;体青褐色,头部四周、腹部背面为白色;前翅褐色,前翅顶角圆而突出,粉紫色,具有黑色眼状斑;前后翅中央各有一个较大的新月形斑,外侧具有一条纵贯全翅的宽带,宽带中间粉红色、外侧白色、内侧深褐色。卵:灰白至淡黄白色,扁椭圆形,长约1.5 mm。幼虫:幼龄幼虫淡黄色,有黑色斑点;中龄后全体覆被白粉,青绿色;老熟幼虫体长55~75 mm,体粗大,头、胸部具对称、蓝绿色、略向后倾斜的棘状突起,胸足黄色,腹足青绿色,端部黄色。茧:口袋状或橄榄形,长50 mm,上端开口,用丝缀叶而成,土黄色或灰白色;茧柄长40~130 mm,常以一张寄主的叶包着半边茧(见图7-3)。

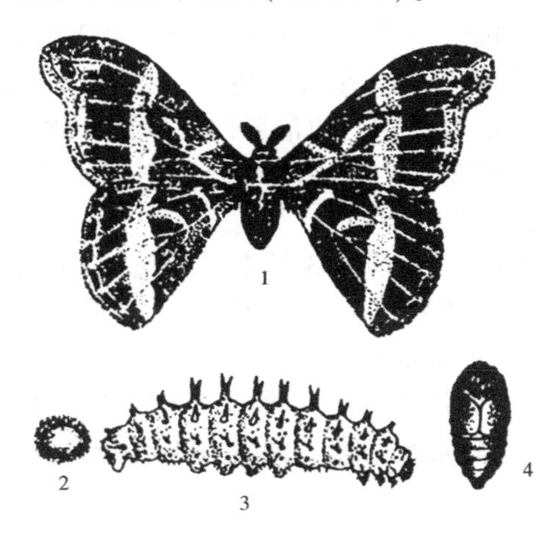

1—成虫;2—卵;3—幼虫;4—茧

图7-3　樗蚕蛾

(三)发生规律

北方一年发生1~2代,南方一年发生2~3代,以蛹在茧内越冬。河南中部越冬蛹于4月下旬开始羽化为成虫,成虫有趋光性。卵块状产在叶上,卵期10~15 d。第一代幼虫5月发生,历期30 d左右,初孵幼虫群集为害,稍大后分散取食叶片。幼虫老熟后即在树上缀叶结茧,树上无叶时,则下树在地被物上结茧化蛹,蛹期50多d。7月底8月初第一代成虫羽化产卵。9~11月第二代幼虫为害,以后陆续作茧化蛹越冬。幼虫天敌有多种寄生蜂。

(四)防治方法

(1)人工捕捉。人工摘除卵块或直接捕杀幼虫喂食家禽;摘下的茧可用于巢丝和榨油。

(2)灯光诱杀。成虫发生期,用黑光灯诱杀成虫。

(3)生物防治。保护和利用天敌防治。

(4)药剂防治。卵孵化前后和低龄幼虫期,喷洒50%辛硫磷乳油或50%丙硫磷乳油1 000倍液;或5%氯氰菊酯乳油2 000倍液、2.5%溴氰菊酯乳油2 500倍液、20%辛·甲氰乳油2 000倍液;或20%辛·甲氰乳油加40%辛硫磷乳油各半1 500倍液;不同剂型的鱼藤酮防治效果也很好。

四、花椒凤蝶

花椒凤蝶又名黄黑凤蝶、柑橘凤蝶、春凤蝶。危害叶和嫩芽。

(一)危害特点

以幼虫啃食花椒叶片和嫩芽,造成缺刻或孔洞,重则将苗木和幼树叶片全部吃光,仅留叶柄。

(二)形态特征

成虫:体淡黄绿至暗黄色,体长21~30 mm,翅展69~105 mm,雄虫较小。前后翅均为黑色,前翅近外缘有8个黄色月牙斑,翅中央从前缘至后缘有8个由小渐大的黄斑;后翅近外缘有6个新月形黄斑,基部有8个黄斑;臀角处有1个橙黄色圆斑,有尾突。卵:球形,直径1 mm,初产时淡白色渐变为黑色。幼虫:老熟幼虫体长40~50 mm;幼龄幼虫如同鸟粪,有白色斜带纹;成龄幼虫黄绿色,后胸背两侧有眼状斑,后胸和第一腹节间有蓝黑色带状斑,腹部4节和5节两侧各有1条蓝黑色斜纹分别延伸至5节和6节背面相交(见图7-4)。

(三)发生规律

一年发生2~3代,以蛹附着在枝干及其他隐蔽场所越冬。发

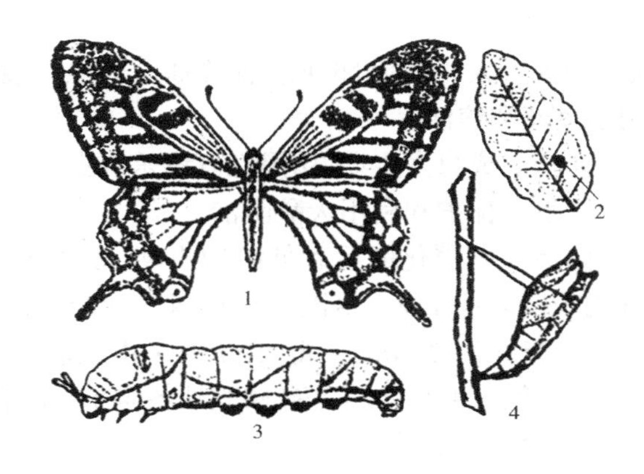

1—成虫;2—卵;3—幼虫;4—蛹

图 7-4　花椒凤蝶

生期世代重叠,4~10 月均可看到成虫、卵、幼虫和蛹。成虫白天活动,飞行力强,吸食花蜜;成虫将卵散产于嫩芽上和叶背,卵期约 7 d。幼虫老熟后在叶背、枝干等隐蔽处吐丝固定尾部,再吐一条细丝将身体挂在树干上化蛹。幼虫、蛹的天敌有多种寄生蜂。

(四)防治方法

(1)农业防治。秋末冬初及时清除越冬蛹;5~10 月间人工摘除幼虫和蛹,集中烧毁。

(2)生物防治。①以菌治虫。用含活芽孢 100 亿/g 苏云金杆菌悬浮剂 400 倍液或含活孢子 50 亿~100 亿/g 的白僵菌可湿性粉剂喷雾。②以虫治虫。将寄生蜂寄生的越冬蛹,从花椒枝上剪下来,放置室内,寄生蜂羽化后放回椒园,使其继续寄生,控制凤蝶发生数量。

(3)药剂防治。低龄幼虫期,喷洒 50%丙硫磷乳油 1 500 倍液或 90%晶体敌百虫 1 000 倍液、20%氰戊菊酯乳油 3 000 倍液、2 %氟丙菊酯乳油 2 000 倍液或 40%辛硫磷乳油 1 200 倍液等。

五、刺蛾类

危害花椒的刺蛾有黄刺蛾、青刺蛾、丽绿刺蛾、扁刺蛾等。均以幼虫食害芽、叶。以下以黄刺蛾为例。

(一)危害特点

低龄幼虫群集叶背面啃食叶肉,稍大把叶食成网状,随虫龄增大则分散取食,将叶片吃成缺刻,仅留叶柄和叶脉,重者吃光全树叶片。

(二)形态特征

成虫:体长 13~16 mm,翅展 30~34 mm;头和胸部黄色,腹背黄褐色。前翅内半部黄色、外半部褐色,有两条暗褐色斜线,在翅尖上汇合于一点。卵:扁平椭圆形,黄绿色。幼虫:老熟幼虫体长 25 mm 左右;头小淡褐色;胸腹部肥大,黄绿色;体背有一两端粗中间细的紫褐色大斑和许多突起枝刺。茧:灰白色,质地坚硬,表面光滑,茧壳上有几道褐色长短不一的纵纹,形似雀蛋(见图 7-5)。

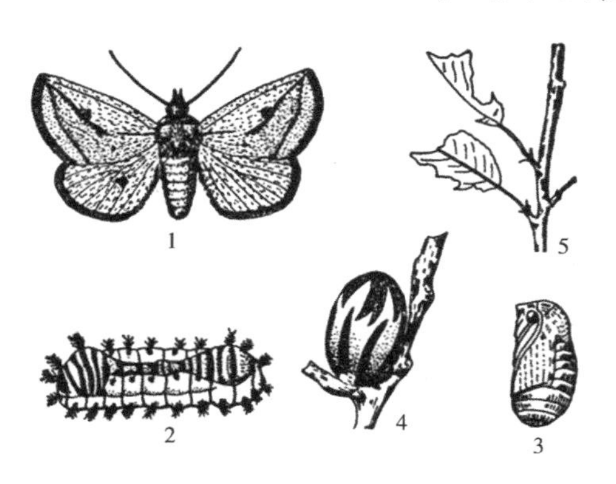

1—成虫;2—幼虫;3—蛹;4—茧;5—为害状

图 7-5　黄刺蛾

(三) 发生规律

黄淮地区一年发生 2 代。以老熟幼虫在小枝杈处、主侧枝及树干的粗皮上结茧越冬。翌年 5 月中下旬至 6 月上旬羽化,产卵于叶背面,数十粒连成一片。成虫趋光性强。6 月中下旬幼虫孵化群集叶背面啃食,随虫龄增大则分散取食。6 月下旬至 7 月上中旬幼虫老熟在枝条上结茧化蛹。7 月下旬出现第二代幼虫,为害至 9 月初结茧越冬。天敌主要有上海青蜂和黑小蜂等。

(四) 防治方法

(1)生物防治。及时剪除虫茧,消灭虫蛹;利用冬剪剪下的有寄生蜂的虫茧(冬茧上端有一被寄生青蜂产卵时留下的小孔),待青蜂羽化后放入花椒园,天然繁殖寄杀虫茧;喷洒每克含 1 亿活孢子的杀螟杆菌或青虫菌 6 号悬浮剂防治。

(2)药剂防治。幼虫危害初期,喷洒 90%晶体敌百虫或 70%马拉硫磷乳油 800~1 000 倍液,或 40%辛硫磷乳油 1 200 倍液、50%杀螟硫磷乳油 1 000 倍液、20%氰戊菊酯乳油 2 500 倍液、25%灭幼脲悬浮剂 2 000 倍液、2. 5%溴氰菊酯乳油 3 000~4 000 倍液等。

六、山楂叶螨

山楂叶螨又名山楂红蜘蛛。危害芽、叶和果。

(一) 危害特点

以幼、若、成螨危害芽、叶、果,常群集在叶片背面拉丝结网,在网下刺吸叶片的汁液。被害叶片出现失绿斑点,渐变成黄褐色或红褐色、枯焦乃至脱落。

(二) 形态特征

成螨:雌成螨椭圆形,深红色,0. 45 mm×0. 28 mm 大小;雄成螨体长 0. 43 mm,浅黄绿至浅绿色。幼螨:体圆形,初黄白色渐变为浅绿色。若螨:淡绿至浅橙黄色,后期可区分雌雄(见图 7-6)。

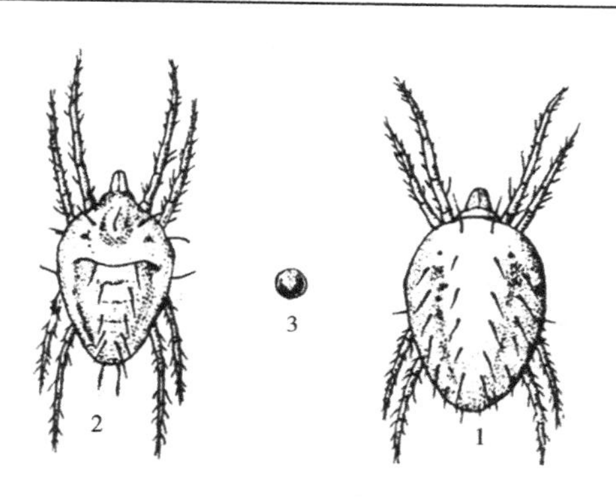

1—雌成螨;2—雄成螨;3—卵

图 7-6　山楂叶螨

(三)发生规律

一年发生 6~10 代,以雌成螨在树皮缝隙内越冬。花椒树萌芽期,越冬雌成螨开始爬到花芽上取食为害,花椒树落花后,成螨在叶片背面为害,这一代发生期比较整齐,以后各世代重叠。6~7 月高温干旱季节适于山楂叶螨发生,为全年危害高峰期。进入 8 月,雨量增多,湿度增大,加上山楂叶螨天敌的影响,为害减轻。9 月继续为害,10 月山楂叶螨全部越冬。天敌有捕食螨等。

(四)防治方法

(1)农业防治。冬春季刮除树干上的老翘皮,消灭越冬雌成螨。

(2)生物防治。花椒园内自然天敌种类很多,应尽量减少喷药次数,利用天敌控制害螨发生。

(3)药剂防治。防治的关键期在花椒树萌芽期和花椒树落花后的第一代若螨发生期。①发芽前,喷洒 3~5 波美度的石硫合剂或含油 3%~5%的柴油乳剂。②花椒树萌芽期,喷洒 50%硫黄悬浮剂 200~400 倍液或 5%噻螨酮乳油 1 500 倍液等。③花椒树落花后的若螨发生期,喷洒 20%四螨嗪悬浮剂或 15%哒螨灵乳油

2 000 倍液、1.8%阿维菌素乳油 4 000 倍液等。

七、花椒小吉丁虫

花椒小吉丁虫又名花椒窄吉丁虫。幼虫为害干枝、根茎;成虫食害叶。

(一)危害特点

幼虫蛀入 3 年生以上或干径 1.5 cm 以上的花椒树的根颈、主干、主侧枝的皮层下,蛀食形成层和部分边材,并逐渐蛀入木质部内为害。虫道迂回曲折,盘旋于一处,充满虫粪,致使被害处的皮层和木质部分离,引起皮层干枯剥离,使花椒树长势衰弱,椒叶凋零,重致枝条干枯或整株枯死。成虫取食叶片,形成缺刻或孔洞。

(二)形态特征

成虫:体狭长,长 8~10 mm,宽 2.3~2.8 mm,体黑色有紫铜色光泽;鞘翅灰黄色,每个鞘翅上有 4 个 V 形紫蓝色斑,鞘翅末端锯齿状。卵:扁椭圆形,长约 1 mm,初产时乳白渐变为棕色。幼虫:体长 17.0~26.5 mm,扁平,白色或淡黄色;头部小,前胸膨大;腹部末端有 1 对黄褐色或深褐色的锯齿状钳状突(见图 7-7)。

(三)发生规律

一年发生 1 代,以低龄幼虫在皮层下或大龄幼虫深入木质部 3~6 mm 处越冬。第二年春季花椒萌芽时,继续在隧道内活动为害。6 月上旬成虫开始羽化出洞,6 月下旬达盛期。7 月下旬卵开始孵化,8 月上旬为幼虫孵化盛期,初孵幼虫蛀入皮层,蛀食数月后越冬。成虫有假死性和趋光性,喜热,以 10~11 时最为活跃,飞行迅速。成虫寿命 20~30 d,卵块状产于主干 30 cm 以下粗糙表皮、小枝条基部等处。初孵幼虫常群集于树干表面的凹陷或皮缝内,经 5~7 d 分散蛀入皮层,每隔 1~3 cm 开 1 个月牙形通气孔,并自通气孔流出褐色胶液,20 d 左右形成胶疤。

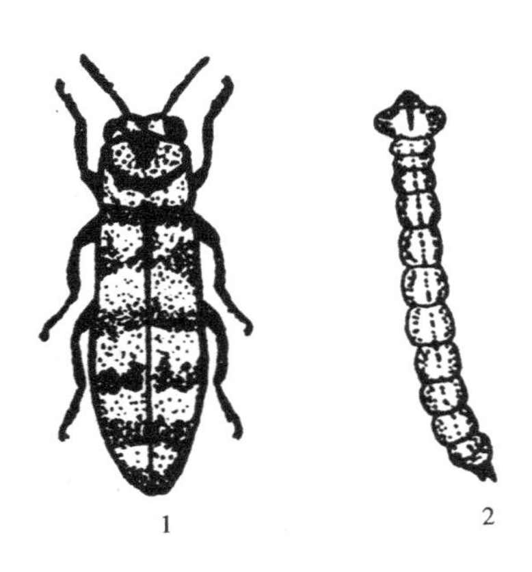

1—成虫;2—幼虫

图 7-7　花椒小吉丁虫

(四)防治方法

(1)农业防治。①幼虫发生季节及时刮除新鲜胶液,或击打胶疤,消灭皮层内幼虫。②及时剪除濒于死亡的椒树及干枯枝条,集中烧毁。

(2)药剂防治。①花椒萌芽期或果实采收后,用 50%马拉硫磷乳油与柴油(或煤油)按 1∶50 混合,在树干基部 30~50 cm 高处,涂 1 条宽 3~5 cm 的药环,杀死侵入树干内的幼虫。当侵入皮层的幼虫较少时,采收果实后用刀刮去胶疤及一层薄皮,用上述药剂按 1∶150 的用量涂抹。发生量大时,按 1∶100 的用量涂抹或50%丙硫磷乳油加水按 1∶3用量涂抹,触杀幼虫。②成虫出洞高峰期,枝干喷洒 2%氟丙菊酯乳油 1 000~1 500 倍液,或 90%晶体敌百虫 1 000~1 500 倍液、2.5%溴氰菊酯乳油 2 000 倍液等,触杀成虫。

八、花椒虎天牛

花椒虎天牛又名花椒天牛、钻木虫。幼虫蛀干,成虫食害叶和嫩梢。

(一)危害特点

幼虫从树干的下部倾斜向上钻蛀,进入木质部后沿心材向树干上部取食,致树干中空,树体枯萎,重致椒树枯死。成虫取食叶和嫩梢。

(二)形态特征

成虫:体黑色,长 19~24 mm,全身密生黄色绒毛,触角 11 节为体长的 1/3;每个鞘翅基部有 1 个卵圆形黑斑,中部有 2 个长黑斑,近端部有 1 个长圆形黑斑。卵:长椭圆形,长约 1 mm,初产白色渐变为黄褐色。幼虫:初孵幼虫头淡黄色,体乳白色;老龄幼虫体长 20~25 mm,体黄白色。蛹:初乳白色渐变为黄色(见图 7-8)。

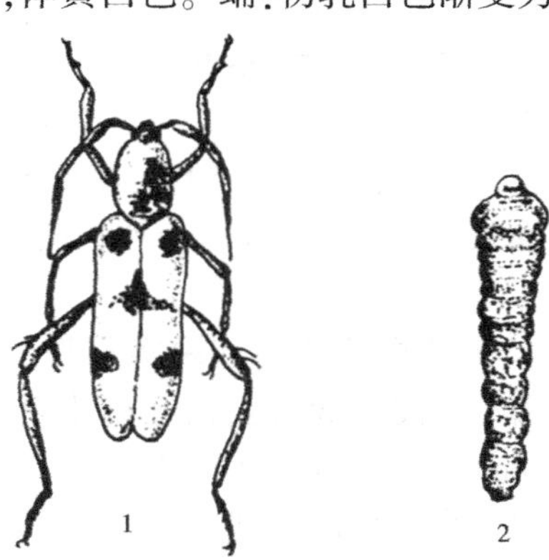

1—成虫;2—幼虫

图 7-8 花椒虎天牛

(三)发生规律

2 年发生 1 代,以幼虫或蛹在虫道内越冬。越冬蛹于 5 月下旬羽化为成虫;6 月下旬多因花椒树枯死,成虫从被害树干虫道中飞出到健壮树上咬食椒叶,成虫晴天活动;7 月中旬将卵产于树皮裂缝深处;8 月上旬至 10 月中旬卵孵化为幼虫蛀入树干皮部越冬。翌年3月幼虫继续食害;4月间从蛀孔处流出黄褐色黏胶液,形成胶疤;5月幼虫蛀食木质部,并由透气孔向外排出木屑状粪便;6月间引起花椒树枯萎。到第三年6月间幼虫老熟,并化蛹。

(四)防治方法

(1)农业防治。①掌握成虫产卵及幼龄幼虫为害造成流胶的特征,及时刮除卵块和幼虫,防止幼虫蛀入树干内;成虫发生期捕杀成虫。②对受害严重且已经失去生产能力的椒树,及时砍伐烧毁,消灭虫源。

(2)药剂防治。①用棉球蘸40%毒死蜱乳油30倍液,塞入洞内后用湿泥封闭,或制成药泥塞入洞内熏杀幼虫,此法简便易行,效果显著。②成虫发生时期,树冠喷洒90%晶体敌百虫800~1 000倍液,或2%氟丙菊酯乳油1 500~2 000倍液、2.5%溴氰菊酯乳油2 000倍液、10%氯菊酯乳油1 500倍液等,毒杀成虫。

九、黑蝉

黑蝉属同翅目,蝉科。别名:蚱蝉,俗名:蚂吱嘹、知了、蜘嘹。成虫危害枝条,若虫危害根系。

(一)危害特点

成虫刺吸枝条汁液,并产卵于一年生枝条木质部内,造成枝条枯萎而死。若虫生活在土中,刺吸根部汁液,削弱树势。

(二)形态特征

成虫:雌体长40~44 mm,翅展122~125 mm;雄体长43~48 mm,翅展120~130 mm。体黑色,有光泽,被金色绒毛。复眼淡赤褐色,头中央及颊的上方有红、黄色斑纹。中胸背板宽大,中间高并呈X形隆起。翅透明,基部烟黑色。体腹面黑色。足淡黄褐色,腿节的条纹、胫节的基部及端部黑色。腹部第一、二节有鸣器,腹盖不及腹部的一半。雌虫无鸣器,有听器,腹盖很不发达,腹部刀状产卵器甚明显。雄虫作"吱"声长鸣。卵:长椭圆形,腹面略弯,白色,有光泽,长约 2. 5 mm,宽约 0. 5 mm。若虫:初孵若虫乳白色,随虫龄增大,渐至黄褐色。末龄若虫体长 30~37 mm,黄褐色。前足开掘式,能爬行。翅芽非常发达(见图 7-9)。

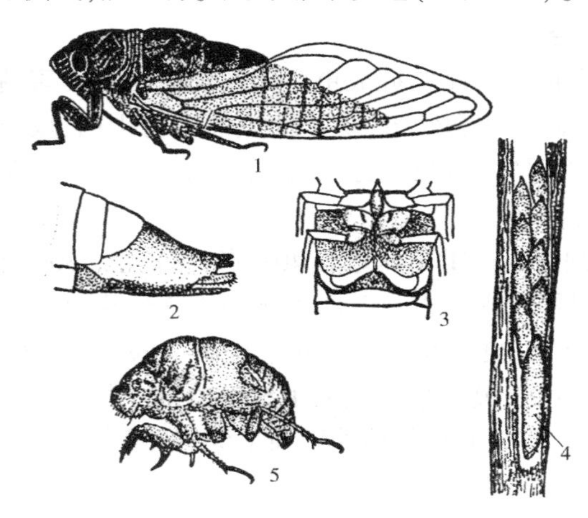

1—成虫;2—雌成虫外生殖器;3—雄成虫鸣器;4—卵块;5—老熟若虫

图 7-9　黑蝉

(三)发生规律

经 4~5 年完成 1 代,以卵于树枝内及若虫于土中越冬。越冬卵于翌年春天孵化,卵历期半年以上。若虫孵出后,潜入土中,吸食树木根部汁液,秋凉后则下潜深土中越冬,春暖后又向上迁移至树根附近活动,在土中生活 4 年左右。若虫老熟后于 6~8 月出土羽化,羽化盛期为 7 月。当日平均气温 22 ℃、雨后初晴,土壤潮湿、表土松软时利于若虫出土。每天夜间若虫出土高峰时间为 20:00~24:00。若虫出土孔圆形,直径 10~15 mm;出土后爬行寻找树干和草茎,上爬高度 1~3 m 处,用爪及前足的刺固着于树皮上,不食不动,2~3 h 后蜕皮羽化为成虫。成虫羽化后,栖息于树木枝干上,雄虫自黎明前开始至傍晚后,甚至月光明亮的夜晚,不停地鸣叫,终日“吱”声不绝于耳,气温愈高,“吱”声愈响。成虫夜间有趋光扑火的习性。每只雌虫产卵500~1 000粒。产卵于4~7 mm粗的新嫩梢木质部内,产卵带长达30 cm左右,呈不规则螺旋状排列,每枝产卵数粒至上百粒。成虫寿命60~70 d。产卵伤口深及木质部,受害枝条干缩翘裂,3~5 d后枯萎;卵粒随风雨落入地面,群众称之为“雷震子”。卵孵化为若虫转入土层,吸食根液长达4年左右,再出土、羽化、产卵,完成一个世代周期。若虫在土层中分布深度为50~80 cm,最深者可达2 m。若虫针管状口器刺入根系皮层内吸食根液为害树木。

(四)防治方法

(1)在雌虫产卵期,及时剪除产卵萎蔫枝梢,集中烧毁。

(2)利用成虫趋光扑火习性,在成虫发生期于夜间在园内或园周围或防护林内堆草点火,同时摇动树干诱使成虫扑火自焚。

(3)利用若虫出土附在树干上羽化的习性和若虫可食的特点,发动群众于夜晚捕捉食用。

(4)产卵后入土前,喷洒40%辛硫磷乳油1 000倍液,或2.5%溴氰菊酯乳油2 000倍液等防治。

十、柳干木蠹蛾

柳干木蠹蛾属鳞翅目,木蠹蛾科。又名柳乌木蠹蛾、柳干蠹蛾、榆木蠹蛾、大褐木蠹蛾、黑波木蠹蛾。危害干、枝。

(一)危害特点

幼虫在根颈、根及枝干的皮层和木质部内蛀食,形成不规则的隧道,削弱树势,重至枝干折断、枯死。

(二)形态特征

成虫:体长26~35 mm,翅展50~78 mm;体灰褐至暗褐色;触角丝状;前翅翅面布许多长短不一的黑色波状横纹,亚缘线黑色前端呈Y形;后翅灰褐色,中部具一褐色圆斑。卵:椭圆形,长约1.3

mm,乳白至灰黄色。幼虫:体长 70~80 mm,头黑色,体背鲜红色,体侧及腹面色淡;胸足外侧黄褐色,腹足趾钩双序环。蛹:长椭圆形,长 50 mm,棕褐至暗褐色。

(三)发生规律

每 2 年发生 1 代,以幼虫越冬。第一年以低龄和中龄幼虫于隧道内越冬,第二年以高龄和老熟幼虫在树干内或土中越冬。以老熟幼虫越冬者,翌年春季 4~5 月于隧道口附近的皮层处,或土中化蛹。发生期不整齐,4 月下旬至 10 月中旬均可见成虫,6~7 月较多。成虫善飞翔,昼伏夜出,趋光性不强,喜于衰弱树、孤立或边缘树上产卵,卵多产在树干基部树皮缝隙和伤口处,数十粒成堆,卵期 13~15 d。幼虫孵化后蛀入皮层,再蛀入木质部,多纵向蛀食,群栖为害,多的可达 200 头,有的还可蛀入根部致树体倒折。

(四)防治方法

(1)农业防治。产卵前树干涂石灰水,既杀卵又防病;成虫发生期黑光灯诱杀成虫;幼虫危害初期挖除皮下群集幼虫杀之,并用保护剂涂抹伤口保护。

(2)药剂防治。①树干喷药:成虫产卵期树干 2 m 以下喷洒 50%辛硫磷乳油,或 50%马拉硫磷乳油 400~500 倍液、25%辛硫磷胶囊剂 200~300 倍液等,毒杀卵和初孵幼虫。②虫孔抹药泥:幼虫危害期可用 2.5%溴氰菊酯乳油或 25%丙硫磷乳油 30~50 倍液兑黏土拌和成药泥塞入虫孔。③药液涂干:用 20%甲氰菊酯乳油与柴油 1:9的混合液涂抹被害处,毒杀初侵入幼虫。

第八章　花椒的采收、贮藏、加工

花椒果实适期采收,是花椒园后期管理的重要环节。合理的采收不仅保证了当年产量和椒实品质,增加经济效益,同时由于树体得到合理的休闲,又为来年丰产打下良好基础。

一、花椒的采收与干制

(一)采收适期

适期采收的花椒质量高、损失少。过早采收,花椒的色泽淡、香气少、麻味不足;过迟采收,造成花椒在树上开裂破口,容易落椒,若遇阴雨,易变色发霉。花椒果实多在秋季成熟,一般当花椒果实由绿变红,果皮上椒泡凸起呈半透明状态,种子完全变为黑色时,标志着花椒果实成熟,此时即可采收。但花椒又因品种不同,成熟期略有差异,如大红袍花椒比小红袍花椒迟10~20 d。也有同一品种,因栽植地区的条件不同,其成熟和采收期也有差别,温暖向阳地的花椒成熟早,应先采收;而背阴地花椒成熟稍晚,应晚采收。

(二)采收方法

以手摘为宜,也可用剪刀将果实随果穗一起剪下再摘取。采收花椒应选择露水干后的晴天进行,晴天采收的花椒干制后,色鲜、香气浓、麻味足。而阴天有露水时采收的花椒不易晒干,色泽不鲜亮、香气淡、品质差。采收花椒切记:一是不要用手指捏着椒粒采摘,手指会压破花椒的椒泡,造成“跑油椒”或“浸油椒”,跑油椒的花椒干制后,色泽暗褐,香味大减,降低了花椒商品价值;二是摘椒时尽量不要伤及枝叶,以免影响树体生长。

(三)花椒干制

花椒果实的干制,主要采用阳光暴晒和人工烘干两种方法。

1. 阳光暴晒

此法简便经济,且干制的果皮色泽艳丽。方法是:选晴朗天气采收,在园地空地上铺晾晒席,边采收边晾晒,晾晒摊放的厚度 3 cm 左右,在强烈阳光下,经 2~3 h 即可使全部花椒果开裂,轻轻翻动果实,使种子、果梗与果皮分离,再用筛子将种子和果皮分开。在阴凉通风处晾几天,使种子和果皮充分干燥后包装贮藏。采收后,若遇到阴雨天气不能晒干时,可暂时在室内地面上摊晾,厚度 3~4 cm,下铺晾晒席,不要翻动,待天晴后,移到室外阳光下继续晒干。

晒制花椒要注意以下几点:①不要放在水泥地面或放在塑料布上晒,以免花椒被高温烫伤后失去鲜红光泽。应在苇、竹席上晒。②晒制花椒时不要用手抓,要用竹棍做一双长筷子,把花椒夹住均匀地摊放在席上,这样晒出的花椒鲜红透亮。

2. 人工烘干

人工烘干花椒不受天气条件限制,且烘烤的花椒色泽好,能够很好地保持花椒的特有风味。

(1)烘房烘干法。花椒采收后,先集中晾半天到一天,然后装烘筛送入烘房烘烤,装筛厚度 3~4 cm。初始控制烘房温度 50~60 ℃,经 2.0~2.5 h 后升温到 80 ℃左右,再烘烤 8~10 h,花椒含水量小于 10%时即可。在烘烤过程中要注意排湿和翻筛,开始烘烤时,每隔 1 h 排湿和翻筛一次,以后随着花椒含水量的降低,排湿和翻筛的时间间隔可以适当延长。花椒烘干后取出降温,去除种子及枝叶等杂物,按标准装袋即为成品。

(2)暖炕烘干法。将采收的鲜花椒果摊放在铺有竹席的暖炕上,保持炕面温度 50 ℃左右,在烘干过程中,不要翻动椒果,待椒果自动开裂后,方可进行敲打、翻动,分离种子,去除果梗。暖炕烘的花椒果,色泽暗红,不如阳光下晒干的果皮色泽艳丽。

二、花椒的分级、包装、贮藏

(一)分级

分级能做到优质、优价,提高花椒商品价值。目前,国家还没有统一的花椒果实质量标准,只有一些主产省规定了大红袍和小红袍的质量标准,对其他品种的花椒可根据品质优劣,参照大红袍和小红袍的标准执行。

大红袍的质量分级标准如下:

一级:颜色深红、内黄白、睁眼、颗粒大而均匀、身干、麻味足、香味大、无枝梗,椒柄不超过1.5%,无杂质,无霉坏,无杂色椒,含籽量不超过3%。

二级:色红、内黄白、睁眼、颗粒大、身干、麻味正常、无枝梗,椒柄不超过2%,无杂质,无霉坏,无杂色椒、闭眼椒,青椒和椒籽不超过8%。

三级:色浅红、内黄白、睁眼、身干、麻味正常、无枝梗,椒柄不超过3%,无杂质,无霉坏,无杂色椒、闭眼椒,青椒和椒籽不超过15%。

小红袍的质量分级标准如下:

一级:色鲜红、内黄白、睁眼、身干、颗粒均匀、麻味足、无枝梗,椒柄不超过1.5%,无杂质,无霉坏,无杂色椒,椒籽不超过3%。

二级:色红、内黄白、睁眼、身干、麻味正常、无枝梗,椒柄不超过2%,无杂质,无霉坏,无杂色椒、闭眼椒,青椒和椒籽不超过8%。

三级:色浅红、内黄白、睁眼、身干、麻味正常、无枝梗,椒柄不超过3%,无杂质,无霉坏,无杂色椒、闭眼椒,青椒和椒籽不超过15%。

(二)包装

花椒果实作为一种食品,没有外壳,直接用来食用,最怕污染。

因此，花椒在包装、贮存上要求比较严格。

晾干后的花椒经过分级，若不及时出售，可将其装入新麻袋或提前清洗干净的旧麻袋。如长期存放，最好使用双包装，即在麻袋的里面放一层牛皮纸或防湿纸袋，内包装材料应新鲜洁净，无异味，这样既卫生、隔潮，还不易跑味。装好后需将麻袋口反叠，并要缝合紧密。然后在麻袋口挂上标签，注明品种、数量、等级、产地（标注到县）、生产单位及详细地址、包装日期、执行标准代号。包装时切记不要乱用旧麻袋，更不能用装过化肥、农药、盐、碱等的包装物装花椒，所有包装材料均须清洁卫生无污染。同一包装内椒实质量等级指标应一致。

（三）贮藏

花椒果实比较难保管，因其怕潮、怕晒、怕走味，极易与其他产品串味，所以在贮存时，要选择干燥、凉爽、无异味的库房，包垛下要有垫木，防止潮湿、脱色、走味。严禁和农药、化肥等有毒有害物品混合存放。

三、花椒的加工

花椒果皮辛香，是很好的食品调料。干果皮可作为调味品直接使用，或制成花椒粉，或与其他佐料配成五香粉、十三香等复配型佐料。

（一）袋装花椒加工

将采收的花椒果皮晾晒后去除残存的种子、叶片、果柄等杂质，分级定量包装后作为煮、炖肉食的调料或药材上市。

（1）加工程序。

①果皮清选。将花椒果皮放入容器内，用木棒或木板人工轻搅搓，使果柄、种子与果皮分离，然后送入由进料斗、筛格、振动器、风机和电机等组成的清选设备中进行清选。由进料斗落入第一层筛面上的物料，经风机吸走比果皮轻的杂质和灰尘，而树叶、土石

块等较大杂质留在筛面上，并逐渐从排渣口排出；穿过筛孔的物料落到第二层筛面上，第二层筛进一步清除果皮中较大的杂质，果皮和较小的物料穿过筛孔落到第三层筛面上；在第三层筛格上，种子和幼小杂质穿过筛孔落到第四层筛格上，留在第三层筛面的果皮被风机吸送到分级装置；在第四层筛格上将种子与细沙粒等杂质分离，并分别排出。

②果皮分级。送入由振动器和分级筛组成的分级装置的果皮，按颗粒大小分为两三级，并分别排出。

③果皮包装。将分级后的果皮用塑料包装袋定量包装、封口，即成为不同等级的袋装花椒成品。

(2)工艺流程如图 8-1 所示。

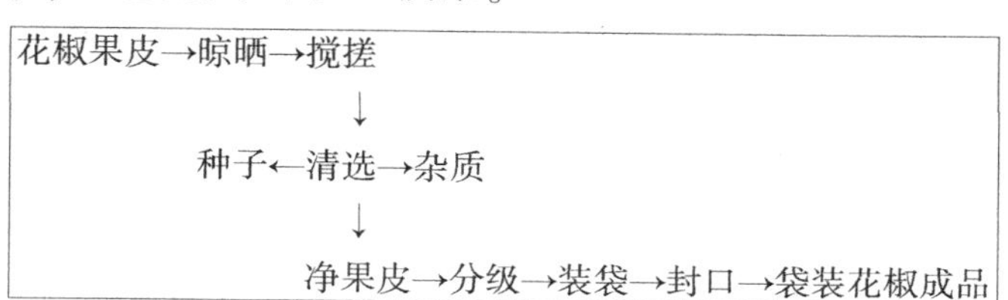

图 8-1　袋装花椒加工工艺流程

(二)花椒粉加工

将干净的花椒果皮粉碎成粉末状，根据需要定量装入塑料袋或容器内，封口，即成为花椒粉成品。

(1)工艺流程如图 8-2 所示。

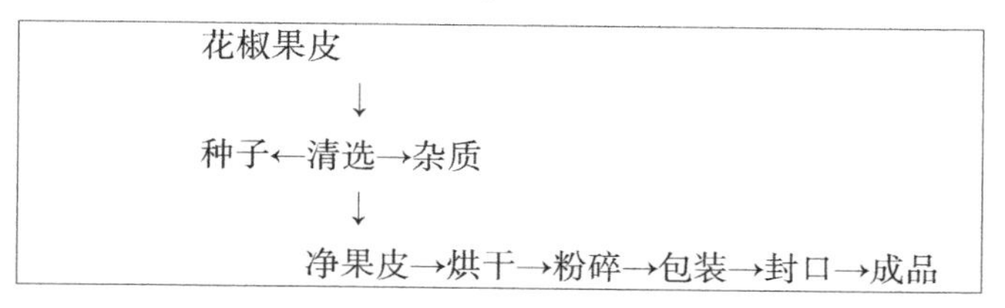

图 8-2　花椒粉加工工艺流程

(2)主要设备。清选机、烘干机、粉碎机、装袋机、封口机等。

(三) 沸水法制取花椒油

一般用花椒籽做原料,花椒籽一般出油率可达到25%左右。

(1)清选。花椒籽通过筛选清理,除去花椒皮及其他杂质后,用家用饭锅加火炒热至清香不糊。

(2)碾碎。炒热的花椒籽用石碾或石臼砸碎至粉末状,颗粒越小越好。

(3)熬油。将碾好的花椒籽熟细粉放入沸水锅中,水与花椒籽熟细粉比例为2.5∶1,用铁铲或木棒进行搅拌,同时继续以微火加热保温1 h左右,所含大部分油脂可逐渐浮在锅的表面。静置10 min左右,用金属勺撇出上浮的大部分油脂。

(4)墩油。将大部分油脂撇出后,用金属平底水瓢轻轻墩压数分钟促使物料内油珠浮出积聚,再用金属勺将油全部撇出,即成为农家自产的较上等调味油。

(5)清渣。出油后的水及油渣取出晒干,可做肥料或配制饲料。

(四) 花椒麻香油加工

花椒麻香油是将花椒果皮放入加热的食用植物油中浸泡、炸煮,使果皮中的麻香成分浸渗到食用油中加工而成的食用调味品。

(1)工艺流程如图8-3所示。

食用植物油→加热(120 ℃)→冷却(30~40 ℃)→加入花椒果皮→浸泡(30 min)→加热(100 ℃)⇆冷却(30 ℃)

→过滤
- →果皮→粉碎→花椒粉
- →麻香油→冷却(室温)→静置→装瓶→封口→成品

图8-3　花椒麻香油加工工艺流程

(2)操作步骤及要点。①将食用植物油倒入油炸锅内,加热到120 ℃,然后冷却到30~40 ℃。②将干净的花椒果皮按与食用植物油质量1.5∶100的比例放入冷却后的油内浸泡30 min,再将花椒和油的混合物加热到100 ℃左右,然后冷却到30 ℃。如此反复加热、冷却 2～3 次，即制成花椒果皮和麻香油的混合物。③将混合物过滤所得的滤液即为花椒麻香油，过滤出的果皮可粉碎制成花椒粉。④将花椒麻香油静置、冷却至室温后装瓶。

（3）主要设备。大铁锅、滤网、洗瓶机、灌装机、粉碎机等。

第九章　花椒大棚芽苗菜生产

花椒的嫩枝、嫩叶,含有多种维生素及纤维素、胡萝卜素、尼克酸等营养成分,并因具有特殊的麻香味及提神、醒脑、解毒的功效,而成为芽苗菜中的珍品,可凉拌、腌渍、油炸或炝炒,吃法多样,风味独特。以往在民间大多零星采摘,自我消费,没有形成规模化生产。近年,花椒芽苗菜作为一类新兴蔬菜发展较快,尤其以营养丰富,风味独特,无公害,无污染,而受到广大消费者的青睐。

花椒芽苗菜生产是利用一年生花椒苗木假植或密植栽培,而专门采收其嫩枝、嫩芽及叶梢,进行商品化生产销售的一种生产方式。利用大棚生产花椒芽苗菜的技术要点如下。

一、种苗选择

选用一年或二年生无病虫害、生长健壮的优质花椒苗,根据苗的大小按 30~50 cm 定干。

二、定植时间

定植起苗前苗圃地土壤应湿润。起苗时间在 11 月中旬花椒苗叶子全部脱落后,起苗时必须注意保护好完整根系。起出的幼苗按大小分开,随起苗随定植。从外地运回的花椒苗,若不能及时栽植,要先挖坑假植。

三、定植方法

整地前施足有机肥作底肥,施肥后将棚内土地耕翻整平后做畦。畦面宽 1.2 m,畦间走道宽 30 cm。栽培密度 10 cm×30 cm、15 cm×20 cm、20 cm×20 cm 等，栽植深度以苗木根颈部与地面平为准。栽后浇透水。

四、栽后管理

为促使苗木早发芽，栽后 10~15 d 逐渐提高棚内温度和湿度，白天保持 25~27 ℃，夜间 15~20 ℃，相对湿度 80%~90%。定植 30~40 d 苗木发芽后，白天温度保持在 20~25 ℃，夜间 10~18 ℃，空气相对湿度 80%左右。以后根据情况适时施肥浇水。缓苗后及时中耕松土，使气温稳定在 18 ℃以上。

五、采收

新梢长出 4~6 片真叶，长 10 cm 左右时，下部留 1~2 片叶不采，采摘芽梢，每株可采摘 4~12 个芽梢。采收时注意先采主干顶部的嫩芽梢，以刺激株体下部侧芽、潜伏芽萌动，提高芽苗菜产量。采收后从留下的叶腋处会重新抽生芽梢，采收期可延续到翌年 5 月，一般每亩可产花椒芽苗菜 900~1 000 kg，经济效益可观。采后包装或扎成小捆上市。暂时贮藏不立即销售的芽梢，需喷少量清水，在 4 ℃低温下可保鲜 7 d 左右。

附录　无公害花椒树年周期管理工作历

附表　无公害花椒树年周期管理工作历

时间(物候期)	技术要点
3月 (萌芽前期)	撒防寒土:树下盖的防寒土撒在地里,草把烧掉,布条解掉。 建园植树:解冻后及时植树,栽后浇透水,水渗后树盘覆膜、覆草。 田面整理:整修梯田堰边,以保持水土;深翻扩穴,冬前未施基肥的及时补施;及时春灌,松土保墒。 防治病虫害:防治对象主要是花椒小吉丁虫、袋蛾类、介壳虫类、干腐病等,摘除虫茧,刮除枯裂病斑,剪除并烧毁枯死枝
4月(萌芽展叶开花期)	追施花前肥、灌水:成龄树每株施硫酸铵200~300 g,施肥后适当浇水。 种子和扦插育苗。 防治病虫害:重点防治黑绒金龟子、蚜虫、跳甲类、地老虎,振树扑杀、黑光灯诱杀,敌百虫、辛硫磷、菊酯类药液喷洒叶面
5月(末花期、果实速生期)	疏花:疏除过密的花序,控制载果量。 病虫害防治:重点防治蚜虫、跳甲类、天牛类和食叶害虫凤蝶类、樗蚕蛾,可喷洒菊酯类、低毒低残留的有机磷类农药,锤击流胶部位,杀死皮下天牛幼虫。 及时除萌:剪除扰乱树形的萌蘖和内膛徒长枝,斜生中庸枝30~40 cm摘心,培养成结果枝组
6月(生理落果、花芽分化期)	中耕除草:雨后或灌水后及时中耕锄草保墒。 加强苗圃地管理:重点防治蛴螬、蝼蛄等地下害虫。 防治病虫害:重点防治小吉丁虫、花椒瘿蚊、金龟子类、袋蛾类、刺蛾类、介壳虫类,炭疽病、锈病
7月(果实着色期)	翻压绿肥:结合除草压绿肥。 防治病虫害:重点防治炭疽病、叶锈病、煤污病等病害及天牛类、凤蝶类、刺蛾类等虫害,药剂防治和人工防治、黑光灯诱杀相结合。 叶面喷肥:喷洒氮肥及多元素微肥,为树体补充营养。 椒园地面管理;中耕除草,旱浇涝排

续附表

时间(物候期)	技术要点
8~9月(果实成熟采收期)	适期果实采收晾晒:早熟品种8月中旬采收,晚熟品种8月底采收。最好晴天当天采收,当天晾晒干。 采集种子:育苗用的种子要充分成熟后采收,采收的种子要在阴凉通风处晾干,防暴晒,防霉变。 防治病虫害:重点防治木蠹蛾、小吉丁虫、天牛类、花椒瘿蚊,因在采收期不再使用农药,可用尖刀挑刺胶疤及伤口,捕杀蛀入干内初孵幼虫;剪除有虫瘿的枝条烧毁。 加强采收后管理,防止早衰
10月(落叶期)	种子处理:根据育苗需要进行不同方法的种子处理
11月至翌年2月(休眠期)	清洁果园:清除枯枝落叶、杂草,深埋或烧毁,消灭越冬病虫源。 园地管理:耕翻园地、扩穴深翻,利用低温冻害消灭越冬病虫源;整修园地,搞好水土保持。 施基肥:以农家肥为主,在灌封冬水前施入。 适时浇好封冻水:各地掌握在夜冻日消时灌水,避免大水漫灌,以当日渗完为好。 主干、主枝涂白防病虫:用石灰10份、硫黄1份、水40份混匀后涂枝干。 培土防寒:幼树要压倒或直立全埋住,大树主干埋土堆或缠麻袋、布条、束草把防寒。 整形修剪:在上大冻前或翌年春发芽前修剪,是创建合理树体结构修剪的关键时期。结合修剪剪除病弱虫蛀枝,并携出园外烧毁,减少越冬病虫源。修剪要根据不同树龄、不同树势、不同树形采用不同的修剪方法

参考文献

[1] 蒲淑芬,原双进,马建兴,等. 花椒丰产栽培技术[M]. 西安:陕西科学技术出版社,2007.

[2] 王有科,南月政. 花椒栽培技术[M]. 北京:金盾出版社,2012.

[3] 武延安,张学斌,宋福,等. 花椒无公害栽培技术[M]. 兰州:甘肃科学技术出版社,2006.

[4] 夏广森. 花椒树的整形修剪[J]. 山西农业科学,1985(8):26-27.

[5] 任公捷. 花椒嫁接技术[J]. 陕西林业科技,1988(2):83.

[6] 张炳炎. 花椒病虫害诊断与防治原色图谱[M]. 北京:金盾出版社,2006.

[7] 冯明祥. 无公害果园农药使用指南[M]. 北京:金盾出版社,2004.